计算机类技能实战系列丛书
互联网+创新型"十四五"精品教材

Python程序设计

（微课版）

主　编◎臧　芳　谢博杨　魏　欣
副主编◎周子琦　崔艳英　李承龙
郭劲元　赵　胜　袁遵杰

哈爾濱工程大學出版社
Harbin Engineering University Press

内 容 简 介

基于当前市场对 Python 程序设计技术的需要，本书以项目任务式体例模式编写而成。全书共 9 个项目，主要包括 Python 程序设计入门、Python 基础知识、Python 数据库、集成开发环境、Python 数值数据、字符串运算、序列运算、程序结构与程序调试、文件 I/O 的内容。读者学后可以融会贯通、举一反三，快速创建符合自身需求的 Python 程序。

本书结构清晰，语言简洁，既可作为应用型本科院校、职业院校的教材，也可作为 Python 程序设计爱好者的参考书。

图书在版编目（CIP）数据

Python 程序设计 ：微课版 / 臧芳，谢博杨，魏欣主编. -- 哈尔滨 ：哈尔滨工程大学出版社，2025. 3.

ISBN 978-7-5661-4691-5

Ⅰ. TP312.8

中国国家版本馆 CIP 数据核字第 20251CW980 号

Python 程序设计（微课版）

Python CHENGXU SHEJI（WEIKE BAN）

选题策划 张林峰

责任编辑 田　婧

出版发行 哈尔滨工程大学出版社

社　　址 哈尔滨市南岗区南通大街 145 号

邮政编码 150001

电　　话 0451-82519328

经　　销 新华书店

印　　刷 三河市中晟雅豪印务有限公司

开　　本 787 mm×1 092 mm　1/16

印　　张 15.5

字　　数 396 千字

版　　次 2025 年 3 月第 1 版

印　　次 2025 年 3 月第 1 次印刷

书　　号 ISBN 978-7-5661-4691-5

定　　价 49.80 元

http://www.hrbeupress.com

E-mail:heupress@hrbeu.edu.cn

前　言

党的二十大报告指出，“坚持尊重劳动、尊重知识、尊重人才、尊重创造，实施更加积极、更加开放、更加有效的人才政策”“着力形成人才国际竞争的比较优势，加快建设国家战略人才力量”“深化人才发展体制机制改革……把各方面优秀人才集聚到党和人民事业中来”。

Python 是一个高层次的结合了解释性、编译性、互动性和面向对象的脚本语言，其设计具有很强的可读性。本书以由浅入深、循序渐进的方式展开讲解，以合理的结构和经典的范例对 Python 基本和实用的功能进行了详细的介绍。

（1）实例丰富。本书结合大量的 Python 编程实例，详细讲解了 Python 原理与应用知识要点，让读者在学习案例的过程中潜移默化地掌握 Python 应用技巧。

（2）突出提升技能。本书中的很多实例本身就是 Python 开发项目案例，经过编者的精心提炼和改编，不仅能够保证读者学好知识点，更重要的是能够帮助读者掌握实际操作技能，同时培养读者对 Python 开发实践能力的应用。

（3）技能与思政教育紧密结合。本书在讲解 Python 开发专业知识的同时，紧密结合思政教育主旋律，从专业知识角度触类旁通地引导读者相关思政品质的提升。

本书由臧芳（湖南都市职业学院）、谢博杨（张家口职业技术学院）、魏欣（南昌大学软件学院）担任主编，由周子琦（云南交通职业技术学院）、崔艳英（鹤壁能源化工职业学院）、李承龙（河南牧业经济学院）、郭劲元（湖北鄂州中等职业学校）、赵胜（济南市技师学院）、袁遵杰（安徽扬子职业技术学院）担任副主编。本书的相关资料和售后服务可扫封底微信二维码或登录 www.bjzzwh.com 下载获得。

由于编者水平有限，书中难免存在疏漏和不当之处，敬请各位专家及读者批评指正。

编　者

目　　录
CONTENTS

项目 1　Python 程序设计入门

项目导读

学习一个应用程序的使用，首先应认识它的工作窗口。本项目将介绍 Python 的工作环境，以及 Python 中的基本操作。掌握 Python 工作窗口中各种项目栏的使用方法，可为将来更好地运用 Python 完成复杂的任务打下坚实的基础。

学习目标

◆ 知识目标

- 了解 Python 的发展历程。
- 了解 Python 的应用领域。
- 熟悉 Python 的工作窗口。
- 掌握 Python 中的快捷键。
- 熟悉 Python 和 IDLE 帮助系统。

◆ 技能目标

- 能区分 Python 2 和 Python 3. 10. 0 的主要差异，明白使用 Python 3. 10. 0 的必要性。
- 熟练在不同操作系统(如 Windows、Linux)上安装 Python 解释器。
- 能够正确配置 Python 的环境变量，保证在命令行中可正常使用 Python。

◆ 素质目标

- 通过了解 Python 的发展历程、特点和广泛应用领域，激发读者对新知识的好奇心和探索欲。
- 通过实际操作 Python 工作窗口，熟悉各种开发工具和环境的使用方法，提高读者的编程实践能力。
- 学会使用 Python 帮助系统，如文档、在线资源、社区论坛等，能够在遇到问题时自主查找解决方案，培养读者独立解决问题的能力。

◆ 思政目标

- 鼓励读者将个人的编程学习与国家的科技发展需求相结合，树立为国家科技进步贡献力量的志向。
- 在编程项目实践中，让读者意识到自己编写的代码可能会对社会、用户产生影响，增强他们对代码质量和安全性负责意识。

任务 1　Python 概述

任务描述

小白今年考上大学，宿舍的同学都准备学习编程，大家决定一起学，在选择语言的时候大家有不同的想法。有的想学习 C 语言，有的想学习 C++语言，小白决定学习近些年流行的 Python。小白去图书馆查询相关书籍，但是要想使用 Python 软件进行编程，必须先了解该软件的用途、软件的安装方法等。同时，只有对软件的基本操作有了宏观的认识，才能更好、更快地进行程序设计。那么，怎样下载软件？如何安装软件？软件界面又是什么样的？

任务分析

Python 解释器易于扩展，随着版本的不断更新和语言新功能的添加，逐渐被用于独立的大型项目的开发。Python 3.10.0 增加了新特性、新功能。Python 官网提供了免费的各版本的下载，深入展示 Python 的优势和适用范围。本任务将讲解 Python 的安装，为读者提供实际操作的指导。

任务重点与实施

Python 是一个结合了解释性、编译性、互动性和面向对象的高层次脚本语言，具有很强的可读性。相比其他语言经常使用英文关键字和其他语言的一些标点符号，它具有更有特色的语法结构。

1.1.1　Python 简介

Python 由荷兰数学和计算机科学研究学会的吉多·范罗苏姆(Guido van Rossum)于 20 世纪 90 年代初设计，作为一门 ABC 语言的替代品。

Python 是一门简单易学且功能强大的编程语言，拥有高效的高级数据结构，并且能够用简单而又高效的方式进行面向对象编程。

(1)Python 是解释型语言：开发过程中没有编译这个环节，类似于 PHP 和 Perl 语言。

(2)Python 是交互式语言：可以在一个 Python 提示符>>>后直接执行代码。

(3)Python 是面向对象语言：Python 支持面向对象的风格或将代码封装在对象中的编程技术。

(4)Python 是初学者的语言：对初级程序员而言，Python 是一种伟大的语言，支持广泛的应用程序开发，如从简单的文字处理到万维网浏览器再到游戏。

1.1.2　Python 的发展历程

1989 年，Guido van Rossum 为了克服 ABC 语言非开放的缺点，并受 Modula-3 的影响，结合 UNIX Shell 和 C 语言的习惯，决定开发一个新的脚本解释程序——Python。

自从 20 世纪 90 年代初 Python 诞生至今，它已被逐渐广泛应用于系统管理任务的处理和 Web 编程，现已成为最受欢迎的程序设计语言之一。

1995 年，吉美·范罗苏姆在弗吉尼亚州的美国国家研究推进机构继续他在 Python 方面的工作，发布了该软件的多个版本。

2000 年 5 月，吉美·范罗苏姆和 Python 核心开发团队转到 BeOpen 并组建了 BeOpen PythonLabs 团队；同年 10 月，BeOpen PythonLabs 团队转到 Digital Creations（现为 Zope Corporation）。

2000 年 10 月 16 日，Python 发布了 Python 2，该系列稳定版本是 Python 2.7。2004 年以后，Python 的使用率呈线性增长。

2001 年，Python 软件基金会成立，这是一个专为拥有 Python 相关知识产权而创建的非营利性组织。

2008 年 12 月 3 日，Python 发布了 Python 3，该版本不完全兼容 Python 2。2011 年 1 月，Python 3 被编程语言排行榜评为 2010 年度语言。

2021 年 10 月 4 日，Python 正式发布了 3.10.0 版本。

1.1.3　Python 3.10.0 增加的特性

Python 3.10.0 没有添加新的模块，但是引入了很多新的并且实用的特性，主要有三大变化：增加结构模式验证、更好的错误提示、更好的类型。

1. 结构模式验证

结构模式验证以 match 语句和 case 语句的形式使用。模式可以是序列、映射、Python 原始数据类型和类实例，可以把它看成 switch 语句的加强版。

2. 语法错误提示信息

在调试代码时，Python 3.10.0 能够提供更多的错误提示信息，报告不仅可以指出语法错误（syntax error），还会提示错误的位置。例如，对于如下程序：

```
expected = {9: 1, 18: 2, 19: 2, 27: 3, 28: 3, 29: 3, 36: 4, 37: 4,
            38: 4, 39: 4, 45: 5, 46: 5, 47: 5, 48: 5, 49: 5, 54: 6,
some_other_code =foo()
```

以前版本的解释器将混淆的地方报告为语法错误的位置。

```
File "example. py", line 3
    some_other_code =foo()
                    ^
SyntaxError: invalid syntax
```

但是在 Python 3.10.0 中，发出了一个更丰富的错误信息：

```
File "example.py", line 1
    expected = {9: 1, 18: 2, 19: 2, 27: 3, 28: 3, 29: 3, 36: 4, 37: 4,
               ^
SyntaxError: '{' was never closed
```

3. 类型联合运算符

Python 3.10.0 以 X | Y 的形式引入了新的类型联合运算符(|)，提供了表达 X 型或 Y 型的清晰形式。

1.1.4 Python 的特点

Python 语法、动态类型及解释型语言的本质，使它成为多数平台上写脚本和快速开发应用的编程语言，随着版本的不断更新和功能的添加，逐渐被用于独立的、大型项目的开发。

1. 易于学习

Python 有相对较少的关键字，结构简单，语法有明确定义，学起来更简单。

2. 易于阅读

Python 代码定义得更清晰。

3. 易于维护

Python 的成功在于它的源代码易于维护。

4. 广泛的标准库

Python 最大的优势之一是有丰富的库，且是跨平台的，在 UNIX、Windows 和 Macintosh 中均能很好地兼容。

5. 互动模式

有了互动模式的支持，用户可以从终端输入执行代码并获得结果进行互动测试和代码断点调试。

6. 可移植

基于其开放源代码的特性，Python 已经被移植(也就是使其工作)到许多平台。

7. 可扩展

如果需要一段运行很快的关键代码，或者想编写一些不愿开放的算法，可以使用 C 或 C++完成那部分程序，然后在 Python 中调用。

8. 数据库

Python 提供所有主要的商业数据库的接口。

9. 图形用户界面(GUI)编程

Python 支持 GUI，可以创建和移植到许多系统中进行调用。

10. 可嵌入

可嵌入是指可以将 Python 嵌入 C 或 C++，使程序获得“脚本化”的能力。

1.1.5　Python 的应用领域

作为一种功能强大的编程语言，Python 因简单易学而受到很多开发者的青睐。Python 的应用领域非常广泛，几乎所有大中型互联网企业都在使用 Python 完成各种各样的任务。

Python 的应用领域主要有如下几个。

1. Web 应用开发

Python 经常被用于 Web 开发，尽管目前 PHP、JS 依然是 Web 开发的主流语言，但 Python 上升势头更猛。尤其随着 Python 的 Web 开发框架逐渐成熟(如 Django、Flask、TurboGears、web2py 等)，用户可以更轻松地开发和管理复杂的 Web 程序。

2. 自动化运维

很多操作系统中，Python 是标准的系统组件。大多数 Linux 发行版及 NetBSD、OpenBSD 和 Mac OS X 都集成了 Python，可以在终端直接运行 Python。Python 是运维工程师首选的编程语言之一。

3. 人工智能

人工智能是一个流行的研究方向，而 Python 在人工智能领域内的机器学习、神经网络、深度学习等方面，都是主流的编程语言。

4. 网络爬虫

Python 提供了很多服务于编写网络爬虫的工具，如 Urllib、Selenium 和 BeautifulSoup 等，还提供了一个网络爬虫框架 Scrapy。

5. 科学计算

Python 在数据分析、可视化方面有相当完善和优秀的库，如 numpy、scipy、matplotlib、pandas 等。

6. 游戏开发

很多游戏使用 Python 编写逻辑。Python 支持较多的特性和数据类型，可以直接调用 OpenGL 实现 3D 绘制，这是高性能游戏引擎的技术基础。

7. 云计算

Python 拥有云计算成功案例 OpenStack(与 Rackspace 合作的云计算管理平台)。

1.1.6　安装 Python

Python 是一门解释型脚本语言，因此，要想让编写的代码得以运行，需要先安装 Python 解释器。

1. 下载软件

打开 Python 官网下载页面，如图 1-1 所示。向下滑动页面，可见 Looking for a specific release 选项组下显示不同版本的 Python(Python 2.0.1 到 Python 3.9.9)，如图 1-2 所示。

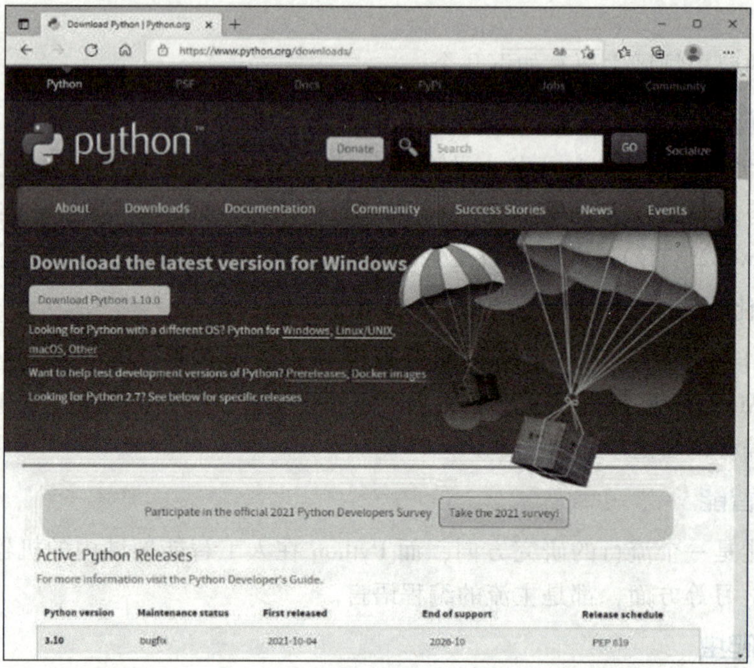

图 1-1　官网下载页面

若需要下载 3.10.0 版本，直接在官网下载页面上端单击 Download Python 3.10.0 按钮，下载 Python 3.10.0 的安装程序 python-3.10.0-amd64.exe(64 位的完整的离线安装包)。

> **提示**
>
> 每个版本的 Python 根据不同的计算机安装系统，分为不同的安装软件。计算机安装系统包括 Windows、Linux/UNIX、Mac OS 等。一般使用 Windows 系统，因此这里只介绍在 Windows 环境下下载 Python 3.10.0 软件及安装的过程。本书中介绍的程序也是在该系统下进行演示的。

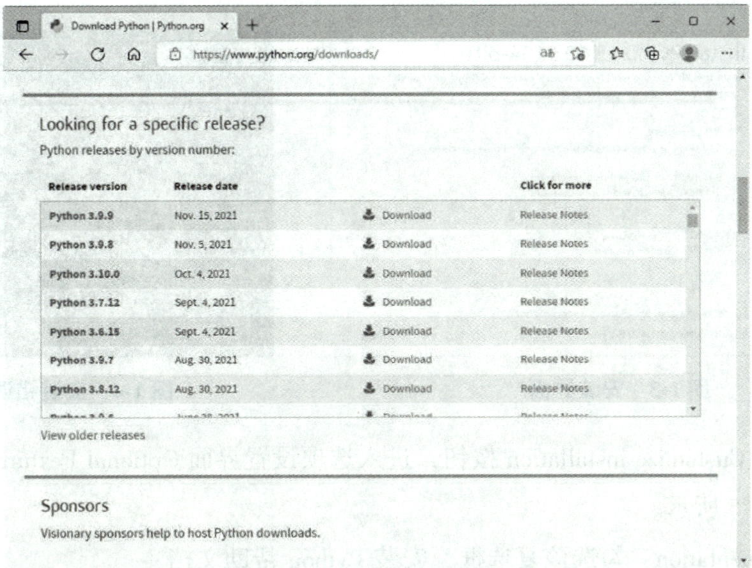

图 1-2　不同版本的 Python

2. 安装软件

(1)双击安装文件 python-3. 10. 0-amd64. exe，打开 Python 3. 10. 0(64-bit) Setup 窗口的安装界面 Install Python 3. 10. 0(64-bit)。下面介绍该界面中的选项。

① Install Now：默认安装且默认安装路径不能更改(一般默认安装在 C 盘)。

② Customize installation：自定义安装选项。

③ Install launcher for all users(recommended)：默认勾选该复选框，为所有用户安装启动器。

④ Add Python 3. 10. 0 to PATH：勾选该复选框，将 Python 自动加到环境变量中，默认未勾选该复选框。

(2)在该界面中勾选 Add Python 3. 10 to PATH 复选框，如图 1-3 所示。这样可将 Python 命令工具所在目录添加到系统 PATH 环境变量中，以后开发程序或运行 Python 命令会非常方便。

提示

勾选 Add Python 3. 10 to PATH 复选框这一步非常重要，若不勾选，软件安装完成后进行检查时，命令行提示“‘python’不是内部或外部命令，也不是可运行的程序或批处理文件”，如图 1-4 所示。若要解决这个问题，还需要手动在计算机的环境变量中添加 Python 安装路径。

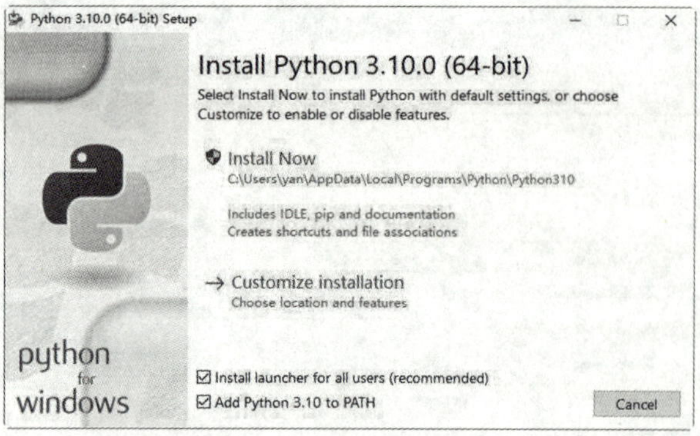

图 1-3　安装界面

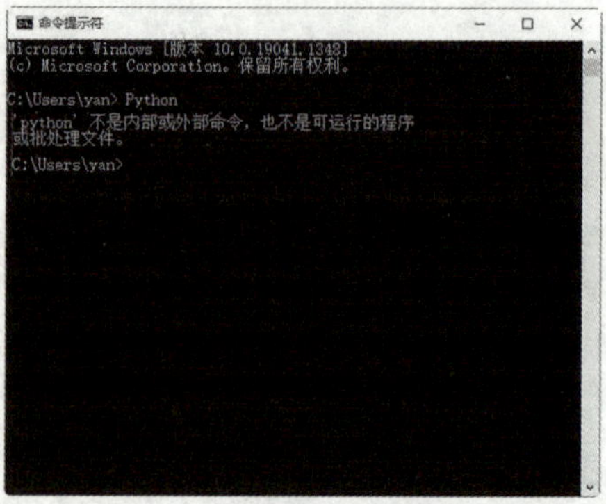

图 1-4　安装错误信息

(3)单击 Customize installation 按钮，进入选项设置界面 Optional Features，保持默认设置，如图 1-5 所示。

① Documentation：勾选该复选框，安装 Python 帮助文档。

② pip：勾选该复选框，安装下载 Python 的工具 pip。pip 是现代通用的 Python 包管理工具，英文全称是 Python install packages。

③ td/tk and IDLE：安装标准库测试套件 tkinter 和 IDLE。

④ py launcher：安装 Python 的启动器。

⑤ for all users(requires elevation)：适用所有用户。

(4)单击下一步(Next)按钮，进入高级设置界面 Advanced Options，在 Customize install location 文本框中更改安装地址(不建议安装在 C 盘)，其余保持默认设置，如图 1-6 所示。

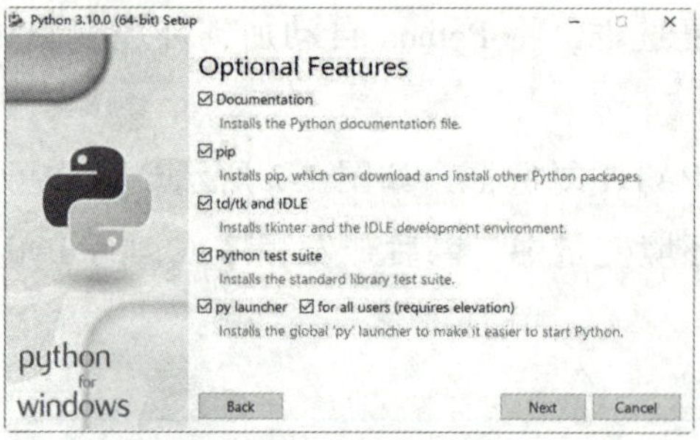

图 1-5　选项设置界面

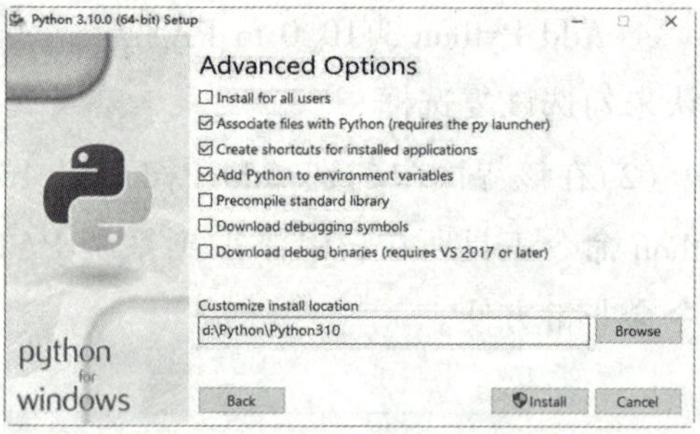

图 1-6　高级设置界面

(5)单击安装(Install)按钮，此时窗口内会显示安装进度，如图 1-7 所示。由于系统需要复制大量文件，所以需要等待几分钟。在安装过程中，可以随时单击取消(Cancel)按钮来终止安装过程。

(6)安装结束后，会进入安装成功界面 Setup was successful，如图 1-8 所示。单击关闭(Close)按钮，即完成 Python 3. 10. 0 的安装工作。

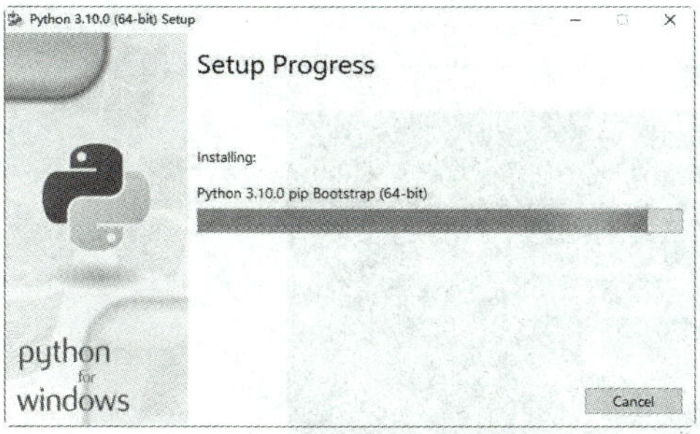

图 1-7　安装进度界面

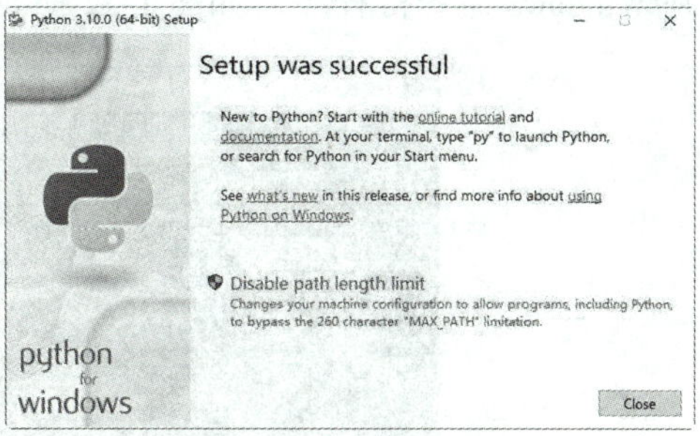

图 1-8　安装成功界面

3. 安装检查

Python 安装结束后，在桌面“开始”菜单的搜索框中输入 cmd，按【Enter】键，打开“命令提示符”窗口，如图 1-9 所示。输入 python，按【Enter】键，出现如图 1-10 所示的运行结果，表示 Python 安装成功。

图 1-9　“命令提示符”窗口

图 1-10　安装检查

实例　Python 交互方法

输入 Python 命令后，同时启动交互式编程环境，可以在>>>后输入代码，并立即看到执行结果。

(1)在“开始”菜单的搜索框中输入 cmd，按【Enter】键，打开“命令提示符”窗口。

扫码看视频

(2)在窗口中输入 python，按【Enter】键，出现 Python 的版本信息。

(3)在提示符>>>后输入 2+3，运行结果如图 1-11 所示。

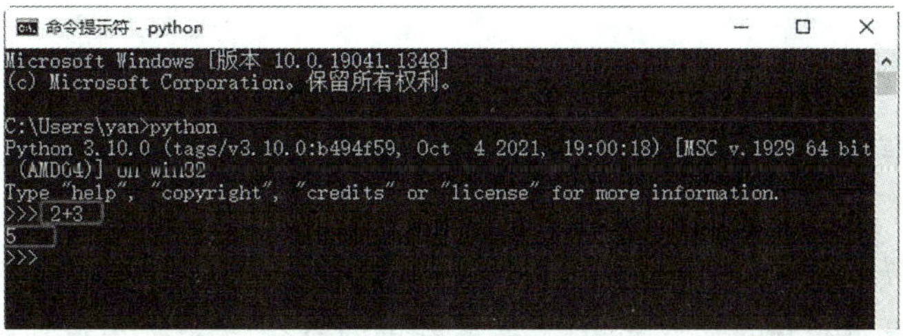

图 1-11　运行程序

按【Ctrl+Z】快捷键，或者输入 exit( )，按【Enter】键，即可退出交互式编程环境，回到 Windows 命令行程序，如图 1-12 所示。

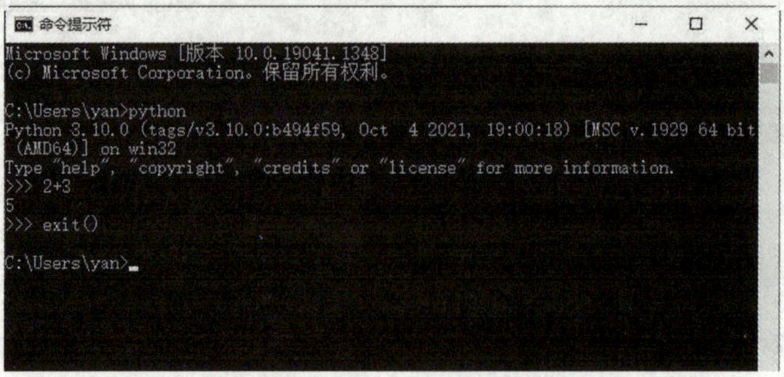

图 1-12　退出交互式编程环境

任务评价

评价内容	评价标准	分值	自评	师评
Python 简介	掌握 Python 的定义	20		
Python 的发展历程	了解 Python 的发展历程	20		
Python 的特点	掌握 Python 的特点	20		
Python 的应用领域	了解 Python 的应用领域	20		
安装 Python	会安装 Python	20		
总分		100		

任务 2　Python 的工作窗口

任务描述

小白在图书馆认识了一个计算机专业的师兄，并在师兄的帮助下安装了 Python 3.10.0。师兄给小白制订了一个学习计划，建议小白不要急于学习语法，先要熟悉软件工作窗口，了解该软件的操作界面、菜单命令等。只有对界面有了宏观的认识，才能更好、更快地进行程序设计。那么，菜单栏中的每个命令能实现什么功能？

任务分析

首先，本任务将介绍标题栏，让用户对 Python 工作窗口的整体外观有一个初步的认识。接着讲解菜单栏，因为菜单栏是用户进行各种操作的主要入口之一。其次，介绍命令行窗口，让用户了解如何在 Python 环境中直接输入和执行代码。最后，讲解快捷键，帮助用户提高操作效率。

任务重点与实施

在 Windows 10 中的“开始”菜单中已创建一个 Python 3. 10 子菜单，如图 1-13 所示。

(1)IDLE(Python 3. 10 64-bit)：启动 Python 解释器。

(2)Python 3. 10(64-bit)：打开 Python 编辑器。

(3)Python 3. 10 Manuals(64-bit)：打开 Python 3. 10 手册。

(4)Python 3. 10 Module Docs(64-bit)：打开 Python 3. 10 模块文档。

编辑器是用来写代码的工具，记事本就是一种简单的编辑器。IDLE 是 Python 自带的解释器，也是一个功能完备的代码编辑器。当安装好 Python 以后，会自动安装 IDLE。IDLE 是开发 Python 程序的基本 IDE(集成开发环境)，具备基本 IDE 的功能，是非商业 Python 开发不错的选择。

IDLE 是一个 Python Shell(在打开的 IDLE 窗口的标题栏上显示)，用户可以利用 Python Shell 与 Python 交互。

启动 IDLE Shell 3. 10. 0，如图 1-14 所示。IDLE Shell 3. 10. 0 工作窗口形式简洁，由标题栏、菜单栏、命令行窗口、状态栏、提示符组成。

图 1-13　Python 3. 10 子菜单

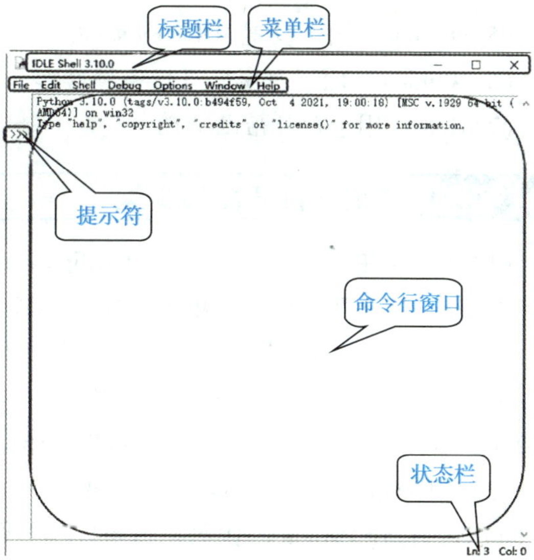

图 1-14　IDLE Shell 3. 10. 0 工作窗口

1.2.1 标题栏

工作窗口上方为标题栏，如图 1-15 所示。

图 1-15 标题栏

工作窗口右上角显示 3 个图标。单击━按钮，最小化显示工作窗口；单击□按钮，最大化显示工作窗口；单击╳按钮，关闭工作窗口。

在命令行窗口中输入 exit( ) 或 quit( )，弹出关闭(Kill)对话框，询问是否关闭工作窗口，如图 1-16 所示，单击“确定”按钮，关闭工作窗口；使用快捷键【Alt+F4】，可以在没有提示信息的情况下直接关闭工作窗口。

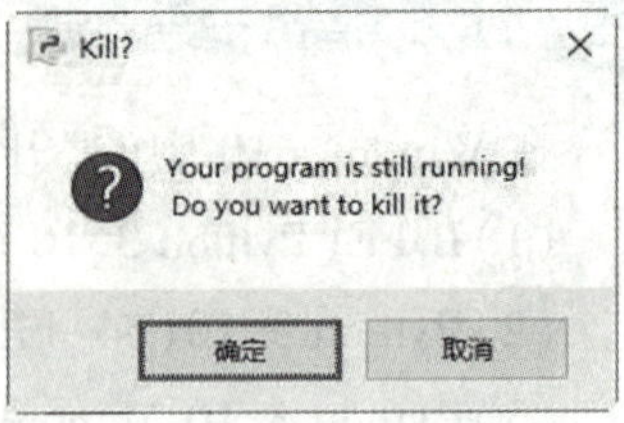

图 1-16 关闭对话框

1.2.2 菜单栏

菜单栏位于标题栏下方，包括文件(File)、编辑(Edit)、界面(Shell)、调试(Debug)、选项(Options)、窗口(Window)、帮助(Help)7 个菜单。

(1)File：用于文件的新建、打开和保存等。

(2)Edit：用于执行对象的选取、复制、粘贴、删除和查找等操作。

(3)Shell：用于执行界面的管理操作，如重启界面、历史记录显示。

(4)Debug：用于设置调试操作。

(5)Options：用于设置 IDLE 的属性。

(6)Window：用于对窗口进行各种操作。

(7)Help：用于打开帮助文档。

实例 自定义打开窗口类型

(1)选择菜单栏中的 Options→Configure IDLE(IDLE 设置)命令，弹出 Settings(设置)对话框，打开 Windows 选项卡，如图 1-17 所示。

(2)在 At Startup 选择项中设置启动界面时默认选择 Open Shell Window(打开工作窗口)，则在“开始”菜单中启动 IDLE(Python 3.10 64-bit)时直接打开 Python 的 Shell 工作窗口。

扫码看视频

(3)选择 Open Edit Window(打开编辑窗口)单选项，再次启动 IDLE(Python 3.10 64-bit)时，打开 Python 的代码编辑窗口，如图 1-18 所示。

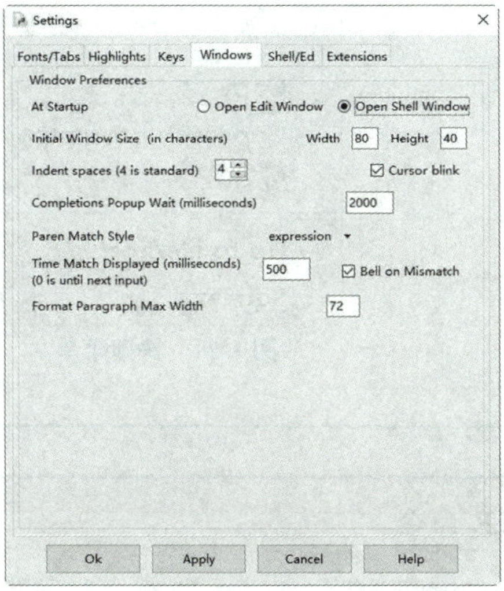

图 1-17　Settings 对话框的 Windows 选项卡

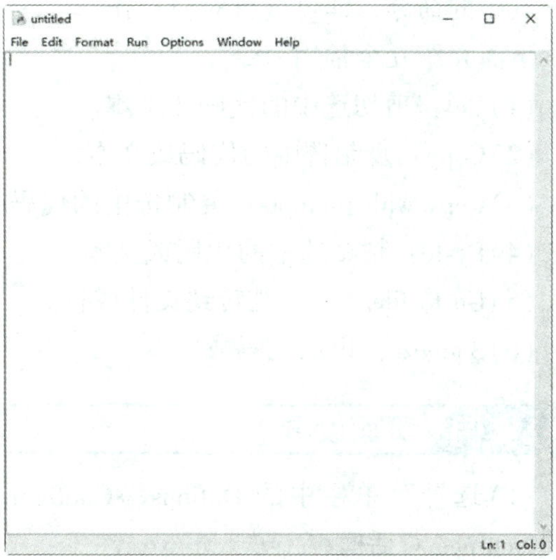

图 1-18　代码编辑窗口

1.2.3　命令行窗口

Python 的命令行窗口指令操作是较基本的操作之一，也是入门学习要掌握的。

1. 基本界面

IDLE Shell 3.10.0 命令行窗口的基本表现形态如图 1-19 所示。在该窗口中可以进行各种计算操作，也可以使用命令打开各种工具，还可以查看各种命令的帮助文档等。

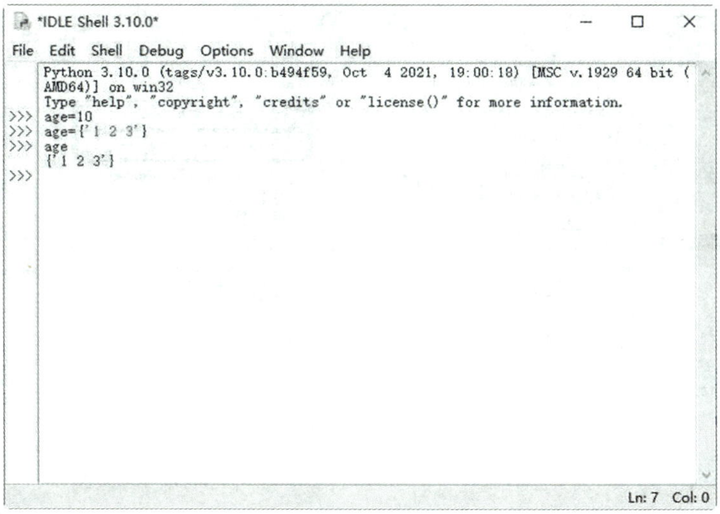

图 1-19　命令行窗口

2. 快捷菜单

选中该窗口中的代码或文本，单击鼠标右键即可弹出如图 1-20 所示的快捷菜单，选择其中的命令，即可进行对应操作。

下面介绍几个常用命令。

(1) Cut：剪切选中的代码或文本。

(2) Copy：复制选中的代码或文本。

(3) Copy with prompts：复制选中的代码或文本。

(4) Paste：粘贴选中的代码或文本。

(5) Go to file/line：跳转到文件或行。

(6) Squeeze：提取代码或文本。

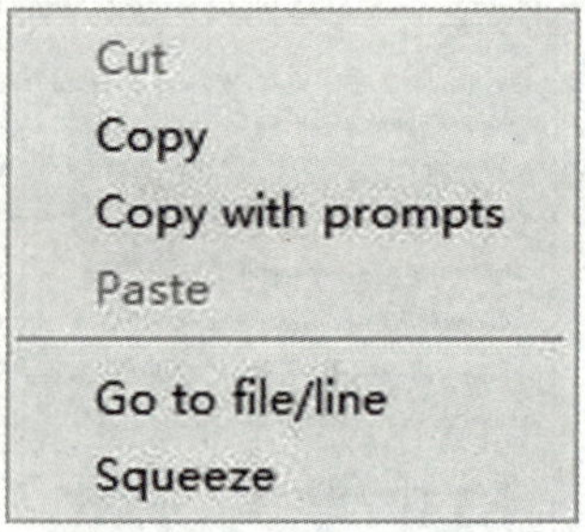

图 1-20　快捷菜单

实例　页面设置

(1) 选择菜单栏中的 Options→Configure IDLE 命令，弹出 Settings 对话框。

(2) 打开 Fonts/Tabs(字体)选项卡，在 Font Face(客户端字体)列表选择代码或文本的字体，默认选择“新宋体”，在 Size(大小)选项中选择代码或文本的大小，如图 1-21 所示。

扫码
看视频

(3) 打开 Highlights(显示标记)选项卡，设置不同类型代码或文本的颜色，如图 1-22 所示。单击 Normal Code or Text(正常代码或文本)按钮，弹出如图 1-23 所示的下拉菜单，选择代码或文本类型；单击 Choose Color for(选择颜色)按钮，弹出相应的 Pick new color for(拾取新颜色)……对话框，在该对话框中可以选择代码或文本的颜色，如图 1-24 所示。

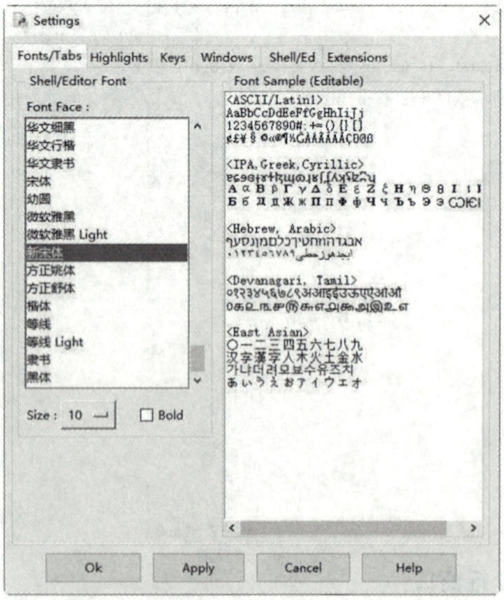

图 1-21　Settings 对话框的 Fonts/Tabs 选项卡

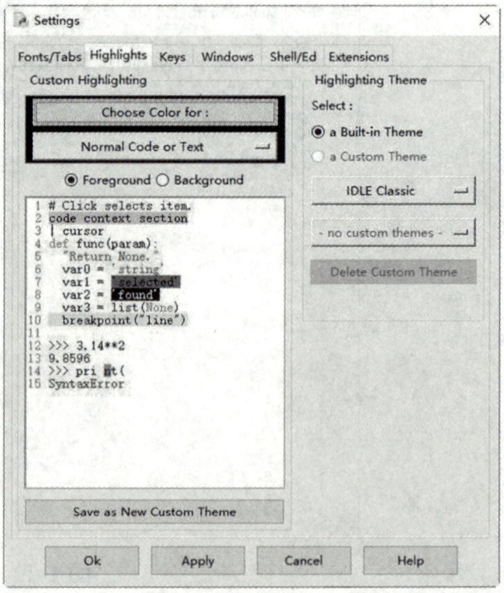

图 1-22　Settings 对话框的 Highlights 选项卡

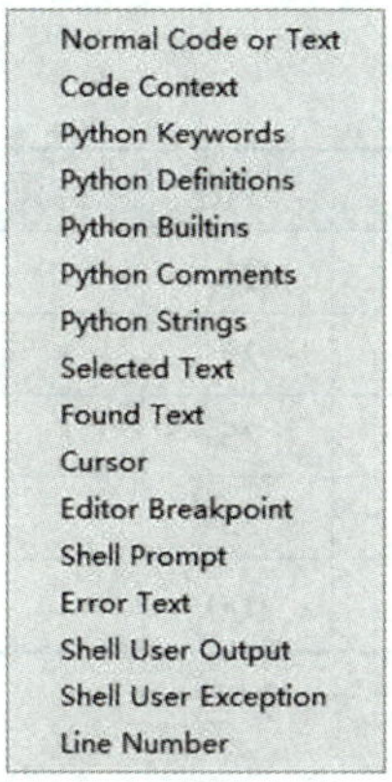

图 1-23　代码或文本类型

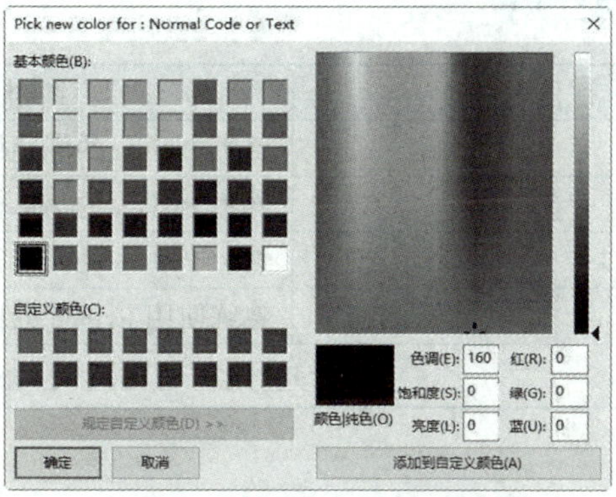

图 1-24　拾取新颜色对话框

1.2.4　快捷键

在程序开发过程中，合理使用快捷键不但可以降低代码的错误率，而且可以提高开发效率。为方便学习，表 1-1 列出了 IDLE 中常用的快捷键。

表 1-1　IDLE 中常用的快捷键

快捷键	说明	适用范围
F1	打开 Python 帮助文档	Python 文件窗口和 Python Shell 窗口均可用
Alt+P	浏览历史命令(上一条)	仅 Python Shell 窗口可用
Alt+N	浏览历史命令(下一条)	仅 Python Shell 窗口可用
Alt+/	自动补全前面出现过的单词，如果之前有多个单词具有相同前缀，可以连续按下该快捷键，在多个单词中循环选择	Python 文件窗口和 Python Shell 窗口均可用
Alt+3	注释代码块	仅 Python 文件窗口可用
Alt+4	取消代码块注释	仅 Python 文件窗口可用
Alt+G	转到某一行	仅 Python 文件窗口可用
Ctrl+Z	撤销上一步操作	Python 文件窗口和 Python Shell 窗口均可用
Ctrl+Shift+Z	恢复上一次的撤销操作	Python 文件窗口和 Python Shell 窗口均可用
Ctrl+S	保存文件	Python 文件窗口和 Python Shell 窗口均可用
Ctrl+]	缩进代码块	仅 Python 文件窗口可用
Ctrl+[	取消代码块缩进	仅 Python 文件窗口可用
Ctrl+F6	重新启动 Python Shell 窗口	仅 Python Shell 窗口可用

任务评价

评价内容	评价标准	分值	自评	师评
标题栏	熟悉 Python 的标题栏	25		
菜单栏	熟悉 Python 的菜单栏	25		
命令行窗口	熟悉 Python 的命令行窗口	25		
快捷键	熟练使用 Python 的快捷键	25		
总分		100		

任务 3　Python 帮助系统

任务描述

小白安装 Python 后，感觉无从下手，小白的 Python 学习基本停摆。舍友看到后，告诉小白软件一般都有帮助系统。小白恍然大悟，查看帮助文档进行学习。那么，如何打开帮助文档？帮助文档包含哪些方面的内容呢？

任务分析

本任务首先介绍 Python 帮助系统，因为它是更为基础和通用的帮助资源；其次讲解 IDLE 帮助系统，它是在特定开发环境(IDLE)中的帮助工具，与 Python 帮助系统相互补充。

任务重点与实施

要想掌握 Python，一定要会使用它的帮助系统，因为任何一本书都不可能涵盖它的所有内容，更多的命令、技巧要在实际使用中摸索，而在这个摸索的过程中，Python 的帮助系统是必不可少的工具，并且 Python 的帮助资源非常丰富。

1.3.1　帮助系统

选择菜单栏中的 Help(帮助)→Python Docs(Python 帮助文档)命令，弹出 Python 3.10.0 documentation(Python 3.10.0 帮助文档)对话框，如图 1-25 所示。可以在此打开 Python 帮助文档，使用目录、搜索和索引来查找在线帮助信息。

例如，可以根据索引查看某个感兴趣的对象的帮助信息，也可以打开搜索页，直接用关键词搜索帮助信息。在这里可以找到详尽的关于 Python 中每个对象的使用说明及其相关对象说明的链接。可以说，Python 的帮助文档是学习 Python 的有力工具。

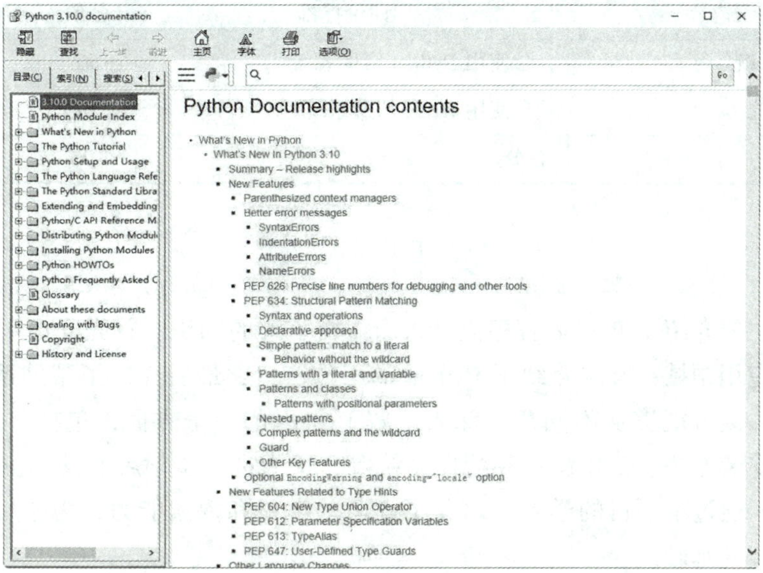

图 1-25　Python 帮助文档

1.3.2　IDLE 帮助系统

Python 的 IDLE 帮助系统非常全面。选择菜单栏中的 Help→IDLE Help（IDLE 帮助）命令，弹出 IDLE Help 对话框，如图 1-26 所示。TOC（主题）下拉菜单中显示了帮助主题，可根据问题选择不同的帮助内容，如图 1-27 所示。

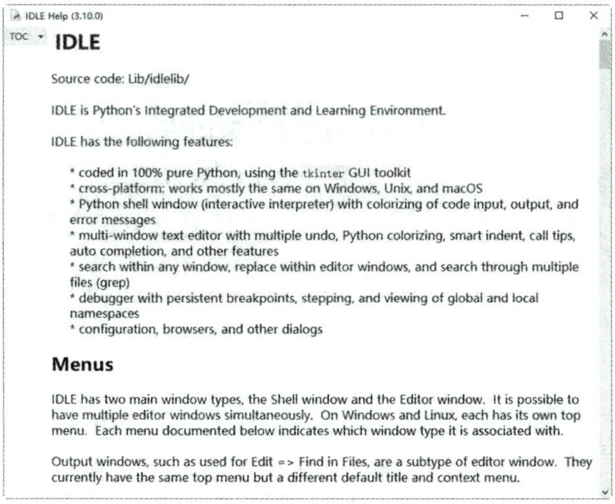

图 1-26　IDLE Help 对话框

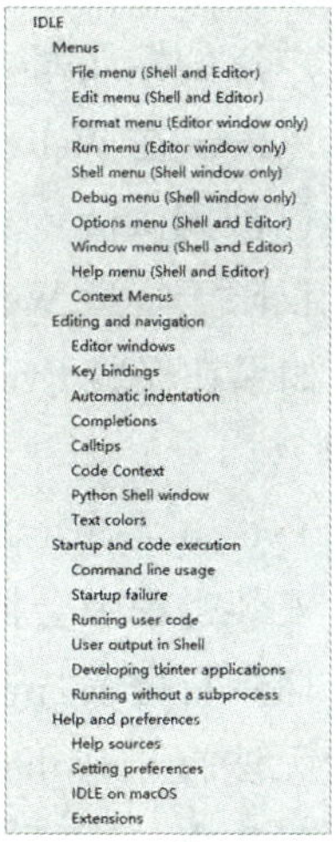

图 1-27　帮助主题列表

任务评价

评价内容	评价标准	分值	自评	师评
Python 帮助系统	会使用 Python 帮助系统	50		
IDLE 帮助系统	会使用 IDLE 帮助系统	50		
总分		100		

项目小结

本项目主要介绍了 Python 程序设计入门需要了解的知识。首先介绍了 Python 的发展、特点和应用领域；其次介绍了 Python 的工作窗口；最后介绍了帮助系统。通过本项目的学习，读者能够从不同角度深入了解 Python 的各个方面，包括其发展、特点、应用领域、安装方法、工作窗口和帮助系统等，这为进一步学习和使用 Python 奠定了坚实的基础。通过本项目的学习，培养了读者的学习和探索能力，为今后的学习和工作打下了良好的基础。

项目习题

一、选择题

1. Python 最初是作为哪种语言的替代品被设计出来的？(　　)

A. Java　　B. C++　　C. ABC 语言　　D. Ruby

2. 下列哪个选项不是 Python 的特点？(　　)

A. 易于学习　　B. 源代码难以阅读

C. 广泛的标准库　　D. 可嵌入 C 或 C++

3. Python 在 Web 开发领域中的地位如何？(　　)

A. 已被淘汰　　B. 逐渐成为主流语言之一

C. 仅限于小型 Web 应用开发　　D. 仅用于学术研究和教学

4. 如果在安装 Python 时没勾选“Add Python 3. 10 to PATH”复选框，可能会遇到什么问题？(　　)

A. Python 无法正常运行

B. 安装过程中会报错

C. 命令行提示“python”不是内部或外部命令

D. 无法打开 Python 的安装界面

5. 在 Python IDLE 的工作窗口中，哪个部分位于工作窗口的上方，用于显示窗口的标题？(　　)

A. 菜单栏　　B. 标题栏　　C. 命令行窗口　　D. 快捷菜单

6. 在 Python Shell 窗口中，如果你想浏览上一条历史命令，应该使用哪个快捷键？(　　)

A. Alt+P　　B. Alt+N　　C. Ctrl+P　　D. Ctrl+N

7. 在 Python 的帮助文档中，可以通过哪种方式查找帮助信息？(　　)

A. 只能使用目录查找　　B. 只能使用搜索功能

C. 可以使用目录、搜索和索引来查找　　D. 只能使用索引查找

二、上机操作题

演示 Python 3.10.0 的启动操作。

(1)在“开始”→Python 3.10 菜单中选择 IDLE(Python 3.10 64-bit)命令，启动 Python 解释器。

(2)在“开始”→Python 3.10 菜单中选择 Python 3.10(64-bit)命令，启动 Python 编辑器。

项目 2 Python 基础知识

项目导读

一种语言之所以能够迅速地普及，显示出旺盛的生命力，是因为它有着不同于其他语言的特点，正如同 Fortran 和 C 等高级语言使人们摆脱了需要直接对计算机硬件资源进行操作一样，Python 的突出特点就是简洁，用直观的、符合人们思维习惯的代码，代替了 Fortran 和 C 的冗长代码。本项目主要介绍 Python 的基本知识。

学习目标

◆ **知识目标**

- 了解 Python 的基本语法，避免书写错误。
- 能够运用 Python 进行编程。
- 能够熟练使用脚本文件运行程序。
- 熟悉 Python 命令的组成。

◆ **技能目标**

- 学会脚本文件管理，包括在不同操作系统环境下创建、编辑、保存和运行 Python 脚本文件。
- 熟悉 Python 里各种功能符号的用途和含义。
- 清晰区分 Python 中常量和变量的概念，掌握 Python 里常用的常量表示方式，掌握变量的命名规则。

◆ **素质目标**

- 通过实际案例和项目实践，培养读者将 Python 知识应用于解决实际问题的能力。
- 鼓励读者参与开源项目或社区活动，提升沟通能力和社会责任感。
- 培养读者主动寻求学习资源、参与技术交流和分享的学习习惯。

◆ **思政目标**

- 引导读者树立正确的科学态度和严谨的数学思维，注重数据的正确性。
- 增强读者的社会责任感和使命感。

任务 1　Python 基本语法

任务描述

小白根据学习计划从图书馆借了几本语言基础图书，每天与舍友讨论程序语法虽然大家学习的语言不同，但是 Python 与 Perl、C 和 Java 等语言有许多相似之处。那么，Python 的基本语法与其他语言有什么异同？Python 文件由什么组成？

任务分析

保留字是指在 Python 语言中有特殊意义的单词，学习保留字为后续的命名和语法理解奠定基础。标识符的讲解在保留字之后，是因为在命名过程中需要避免使用保留字。学习文件结构帮助读者了解如何组织代码，使其更具逻辑性和可维护性。学习书写规范，强调了代码的可读性和可维护性的重要性，以及如何通过遵循规范来提高代码质量。

任务重点与实施

下面介绍 Python 特有的一些语法。

2.1.1　保留字

保留字又称关键字，是指在高级语言中已经定义过的字，开发人员不能再将这些字作为变量名、过程名或函数名使用。若将 Python 中的保留字作为变量、函数、类、模块和其他对象的名称来使用，会报错。

另外，Python 中所有的保留字都是区分大小写的。例如，if 是保留字，IF 不是保留字。

输入如下程序，显示 Python 中所有的保留字。

```
>>>import keyword
>>>print(keyword. kwlist)
['False', 'None', 'True', 'and', 'as', 'assert', 'async', 'await', 'break', 'class', 'continue', 'def', 'del', 'elif', 'else', 'except', 'finally', 'for', 'from', 'global', 'if', 'import', 'in', 'is', 'lambda', 'nonlocal', 'not', 'or', 'pass', 'raise', 'return', 'try', 'while', 'with', 'yield']
```

2.1.2　标识符

在程序中自定义的类名、函数名、变量等符号和名称为标识符。标识符命名规则如下。

(1) 由字母、下画线、数字组成；目前 Python 只允许使用 ISO-Latin 字符集中的字母 A ~ Z、a ~ z。

(2)第一个字符不能是数字。

(3)不能使用 Python 中的保留字、内置函数等。

(4)不能包含空格及@ 、#、¥等特殊字符。

(5)严格区分字母大小写。

(6)以下画线开头的标识符具有特殊的意义，一般应避免使用相似的标识符：以单下画线开头(_xxx)表示不能直接访问的类属性，也不能通过 from xxx import * 导入；以双下画线开头(_ _xxx)表示类的私有成员；以双下画线开头和结尾(_ _xxx_ _)表示构造函数。

(7)不允许使用汉字作为标识符，虽然不会报错，但是不建议使用。

下面举例介绍几种标识符。

```
No_1 =103                #合法的标识符
age#$ =18                #不合法的标识符,不能包含特殊符号
00name ="a"              #不合法的标识符,不能以数字开头
type ="month"            #不合法的标识符,type 是 Python 的内置函数
a =1                     #合法的标识符,但不建议使用,最好使用具有特定意义的变量名
```

2.1.3 文件结构

虽然 Python 简单易学，但对 Python 不太熟悉的用户，还是一筹莫展。下面介绍典型的、规范的 Python 文件结构。

1. 起始行

```
#! /usr/bin/env python
```

2. 模块文档(文档字符串)

```
"this is a test module"
```

3. 模块导入

```
import sys
import os
```

4. (全局)变量定义

```
debug =True
```

5. 类定义(若有)

```
class Foo Class(object):
    "Foo class"
    pass
```

6. 函数定义(若有)

```
def test( ):
    "test function"
    foo =FooClass( )
    if debug:
        print 'ran test( )'
```

7. 主程序

```
if _name_ = ='_main_':      #主程序：如果模块是被导入的，_name_的值为模块名称
    test()                  #如果模块是被直接执行的，_name_的值为_main_
```

2.1.4　书写规范

编程需要保持良好的习惯。下面介绍 Python 常见的基本书写规范。

1. 行宽

每行代码尽量不超过 80 个字符，但并非严格要求在 80 个字符以内，可略微超过。这样方便在控制台查看代码，对使用并列的输出格式也有帮助。

2. 空行

空行与代码缩进不同，空行并不是 Python 语法的一部分。书写时不插入空行，Python 解释器运行时也不会出错。空行的作用在于分隔两段不同功能或含义的代码，便于日后进行代码的维护或重构。

空行也是程序代码的一部分。函数之间或类的方法之间用空行分隔，表示一段新的代码的开始；类和函数入口之间也用一行空行分隔，以突出函数入口的开始。

(1) 模块级函数和定义类之间空两行。

(2) 类成员函数之间空一行。

(3) 函数中可以使用空行分隔出与逻辑相关的代码。

代码示例如下。

```
class A:

    def __init__(self):
        pass

    def hello(self):
        pass


def main():
    pass
```

3. 空格

(1) 在二元运算符两边各空一格(如 =、-、+、=、= =、>、in、is not、and)。代码示例如下。

```
#规范
i = i +1
x = x *  2 - 1

#不规范
i =i+1
x = x* 2-1
```

(2)函数的参数列表中,,、#、;之后要有空格。代码示例如下。

```
#规范
def complex(real, imag):
    pass

#不规范
def complex(real,imag):
    pass
```

(3)函数的参数列表中，默认值等号两边不要加空格。代码示例如下。

```
#规范
def complex(real, imag =0. 0):
    pass

#不规范
def complex(real, imag  = 0. 0):
    pass
```

(4)左括号之后，右括号之前不要加多余的空格。代码示例如下。

```
#规范
spam(ham[1], {eggs: 2})

#不规范
spam( ham[1], { eggs : 2 } )
```

(5)字典对象的左括号之前不要加多余的空格。代码示例如下。

```
#规范
dict['key'] = list[index]

#不规范
dict ['key'] = list [index]
```

(6)不要为对齐赋值语句而额外使用空格。代码示例如下。

```
#规范
x = 1
y = 2
long_variable = 3

#不规范
x             = 1
y             = 2
long_variable = 3
```

任务评价

评价内容	评价标准	分值	自评	师评
保留字	掌握保留字的定义	25		
标识符	掌握标识符的命名规则	25		
文件结构	掌握典型的、规范的 Python 文件结构	25		
书写规范	掌握 Python 常见的基本书写规范	25		
总分		100		

任务 2　Python 编程方法

任务描述

为了让小白认识到 Python 编程的神奇之处，师兄在网上找了些有趣的程序代码让小白学习。那么，在 Python 中如何进行编程？

任务分析

本任务首先介绍 Python 交互式编程；其次介绍脚本式编程。了解这两种方式的特点和用途，有助于用户根据不同的需求选择合适的编程方法。

任务重点与实施

2.2.1　交互式编程

Python 交互式编程不需要创建脚本文件，只需通过 Python 解释器的交互模式编写代码。下面介绍两种交互式编程方法。

1. Python 3.10.0

在“开始”菜单的搜索框中输入 cmd，按【Enter】键，打开“命令提示符”窗口，在命令行中输入 Python 命令即可进行交互式编程。窗口提示信息如下。

```
Python 3.10.0 (tags/v3.10.0:b494f59, Oct 4 2021, 19:00:18) [MSC v.1929 64 bit (AMD64)]
on win32
Type "help", "copyright", "credits" or "license()" for more information.
>>>
```

出现上面的代码，表示进入 Python 交互式编程环境，在>>>后输入程序即可。

2. IDLE Shell 3. 10. 0

启动交互式编程客户端 IDLE Shell 3. 10. 0。窗口提示信息如图 2-1 所示。

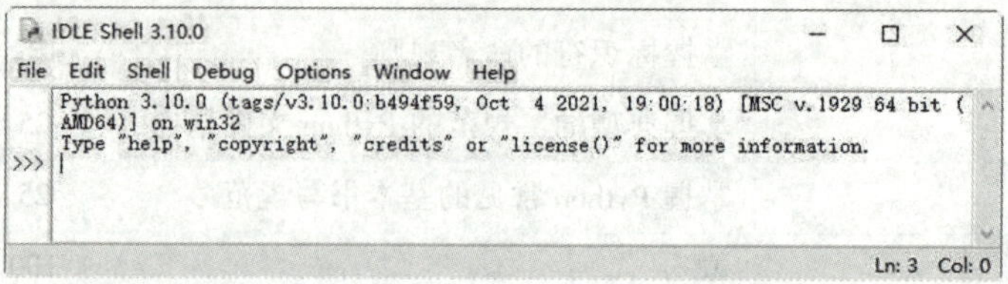

图 2-1　IDLE Shell 3. 10. 0 窗口提示信息

在>>>后输入如下文本信息，按【Enter】键。

```
0.1+2
```

运行结果如下。

```
2.1
```

2. 2. 2　脚本式编程

Python 还可以通过脚本参数调用解释器开始执行脚本，直到脚本执行完成。当脚本执行完成后，解释器不再有效。

(1)创建一个 Python 脚本文件 data_1001. py，如图 2-2 所示。

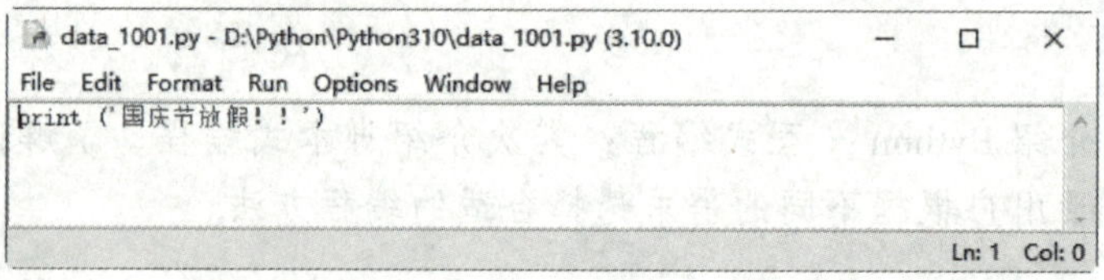

图 2-2　脚本文件

(2)在"开始"菜单的搜索框中输入 cmd，按【Enter】键，打开"命令提示符"窗口，在命令行中输入如下程序。

```
python data_1001.py
```

(3)运行结果如图 2-3 所示。

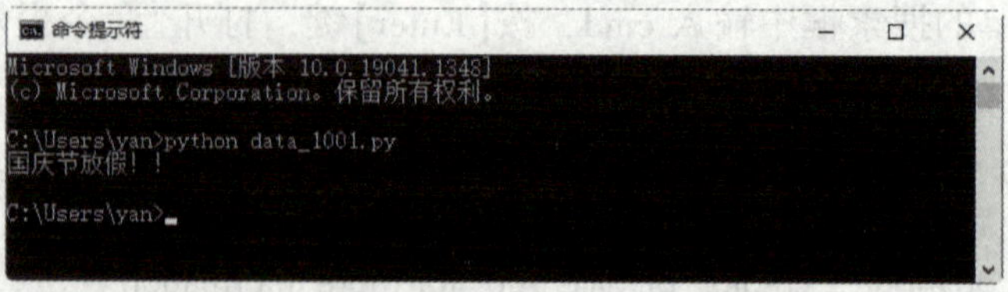

图 2-3　脚本式编程

任务评价

评价内容	评价标准	分值	自评	师评
交互式编程	会使用交互式编程方法	50		
脚本式编程	会使用脚本式编程方法	50		
总分		100		

任务 3　脚本文件管理

任务描述

小白已经对 Python 的编程与语法有了一个初步的认识。那么，怎么新建文件？做好的脚本文件怎么保存到设定位置？怎么打开已有的脚本文件？

任务分析

本任务详细介绍在 Python 中对脚本文件进行基本操作的方法，包括新建文件、打开文件、保存文件、运行文件和关闭文件，帮助用户熟练掌握这些操作，提高编程效率。

任务重点与实施

在实际开发中，通常不能只包含一行代码。当需要编写多行代码时，可以单独创建一个脚本文件来保存这些代码，在全部编写完成后一起执行。

在 Python 中，对脚本文件的基本操作包括新建文件、打开文件、保存文件、运行文件和关闭文件。

2.3.1　新建文件

在实际应用中，直接在 Python 工作窗口的命令行窗口中输入简单的命令并不能满足用户的所有需求，因此 Python 提供了另一种强大的工作方式，即利用脚本文件编程。脚本文件一般以 . py 为后缀。

选择菜单栏中的 File→New File(新建文件)命令，或直接按快捷键【Ctrl+N】，将打开一个新的代码编辑窗口，如图 2-4 所示。在该窗口中可以直接编写 Python 代码，标题栏上的 untitled 为新建脚本文件的名称。

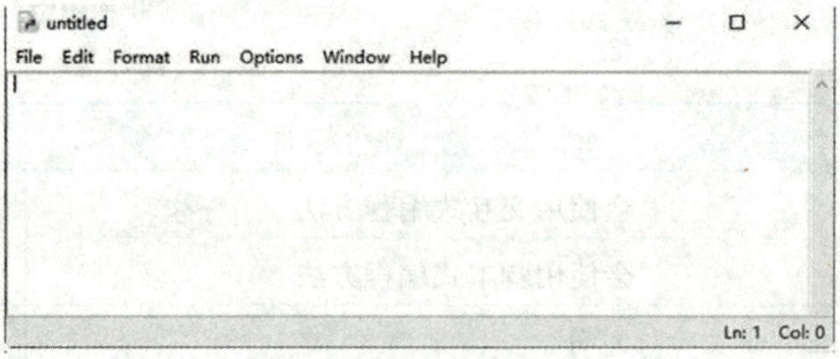

图 2-4 代码编辑窗口

输入一行代码后按【Enter】键，将自动换到下一行，等待继续输入，如图 2-5 所示。文件名带星号(*)表示文件有变动但未保存。

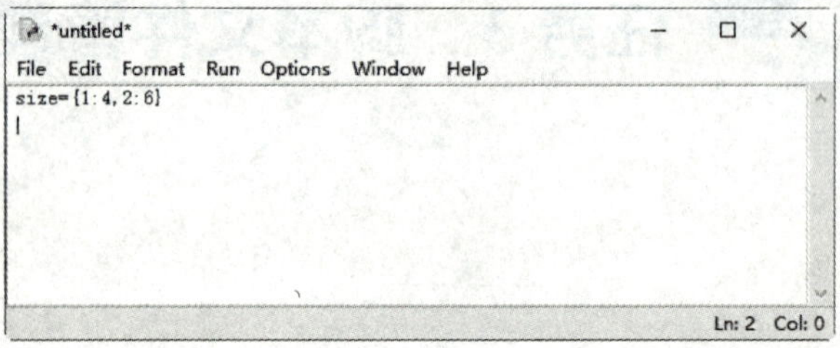

图 2-5 换行输入

2.3.2 打开文件

打开一个已经存在的脚本文件的常用步骤如下。

(1)选择菜单栏中的 File→Open(打开)命令，或按快捷键【Ctrl+O】，弹出如图 2-6 所示的“打开”对话框。

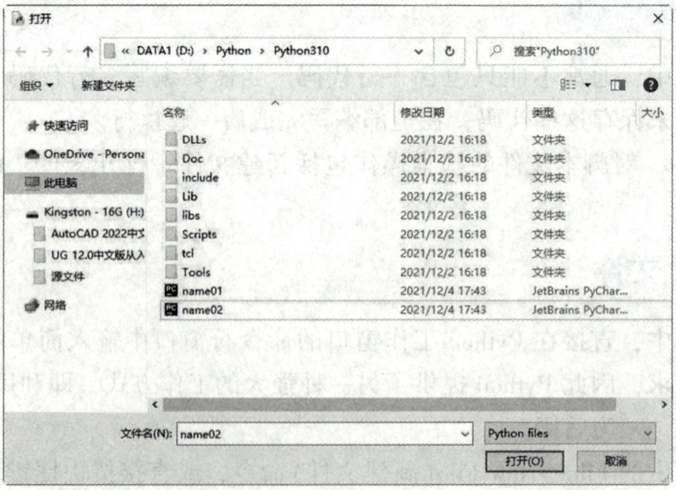

图 2-6 “打开”对话框

(2)找到文件所在路径，单击文件名称，然后单击“打开”按钮，即可在 Python 中打开指定的文件。

2.3.3　保存文件

在处理脚本文件时，应时常保存文件，以防因为意外事件导致数据丢失。Python 提供了 3 种保存文件的常用方法。

1. 直接保存

选择菜单栏中的 File→Save(保存)命令，或按快捷键【Ctrl+S】，保存文件。

在保存文件时，如果文件已经保存过，Python 将用新的文件内容覆盖原有的内容；如果新建的文件还未命名，则弹出如图 2-7 所示的“另存为”对话框。选择要保存的位置，指定文件的名称和保存类型，单击“保存”按钮，保存文件。

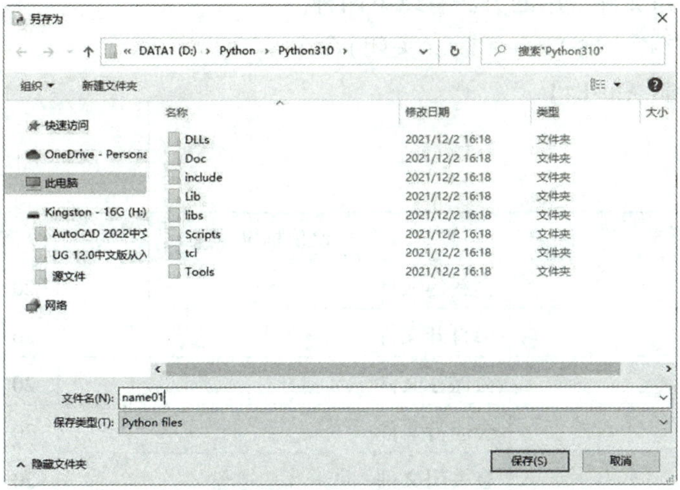

图 2-7　“另存为”对话框

2. 另存

选择菜单栏中的 File→Save As(另存为)命令，或按快捷键【Ctrl+Shift+S】，弹出“另存为”对话框，在此保存文件。

3. 保存备份

选择菜单栏中的 File→Save Copy As(保存备份为)命令，或按快捷键【Alt+Shift+S】，弹出“另存为”对话框，在此保存备份。对于重要的文件，在保存时可以将原版本保存为备份文件。

2.3.4　运行文件

运行脚本文件的常用步骤如下。

选择菜单栏中的 Run(运行)→Run Module(运行模块)命令，或按快捷键【F5】，运行脚本文件中的程序，如图 2-8 所示。

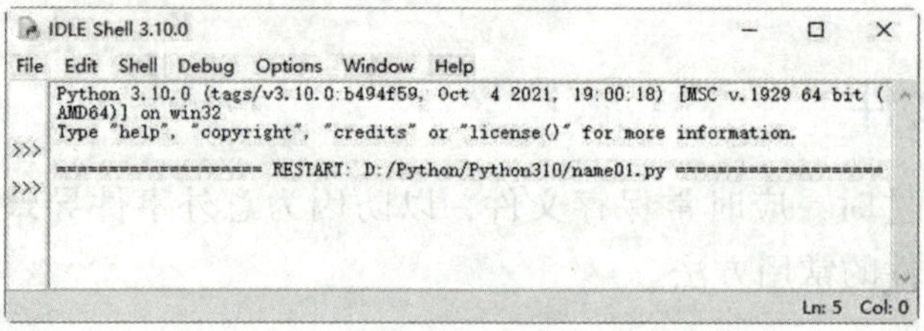

图 2-8 运行结果

2.3.5 关闭文件

如果不再需要某个打开的文件，应将其关闭，这样既可释放一部分内存，又可防止数据丢失。关闭文件常用的方法有以下两种。

(1)选择菜单栏中的 File→Close(关闭)命令。

(2)按快捷键【Alt+F4】。

任务评价

评价内容	评价标准	分值	自评	师评
新建文件	会新建文件	20		
打开文件	会打开文件	20		
保存文件	会保存文件	20		
运行文件	会运行文件	20		
关闭文件	会关闭文件	20		
总分		100		

任务 4 Python 命令的组成

任务描述

小白在演示了师兄发的程序后，听从师兄的建议，自己尝试编写一些简单程序。那么，Python 中的基本命令有哪些？又各有什么作用？

任务分析

本任务首先介绍 Python 中的基本符号，掌握它们的用法对于正确构建语句和表达式至关重要；其次讲解常量与变量，理解它们有助于开发者有效地管理和操作数据，使程序能够根据不同的情况进行动态变化；再次介绍功能符号，掌握这些符号可以让开发者进行复杂的逻辑运算和对象操作，实现各种功能需求；最后介绍 Python 编程的常用指令，掌握这些指令可以实现程序的各种逻辑控制、数据交互和功能扩展，使程序更加灵活和强大。

任务重点与实施

计算机编程语言和人们日常使用的自然语言有所不同，自然语言在不同的语境下有不同的理解，而计算机要根据编程语言执行任务，就必须保证没有歧义，所以，任何一种编程语言都有自己的一套语法。

2.4.1　基本符号

Python 是基于流行的 C++的语言，因此语法特征与 C++极为相似，而且更加简单，更加符合数学表达式的书写格式，使之更利于非计算机专业的科技人员使用。此外，Python 可移植性好，可扩展性极强。

Python 中不同的数字、字符、符号代表不同的含义，组成丰富的表达式，能满足用户的各种应用需求。本任务将按照命令的不同生成方法简要介绍各种符号的功能。

1. 提示符

命令行行首的>>>是指令输入提示符，是自动生成的，如图 2-9 所示。在脚本文件中运行的指令前是没有提示符的，如图 2-10 所示。

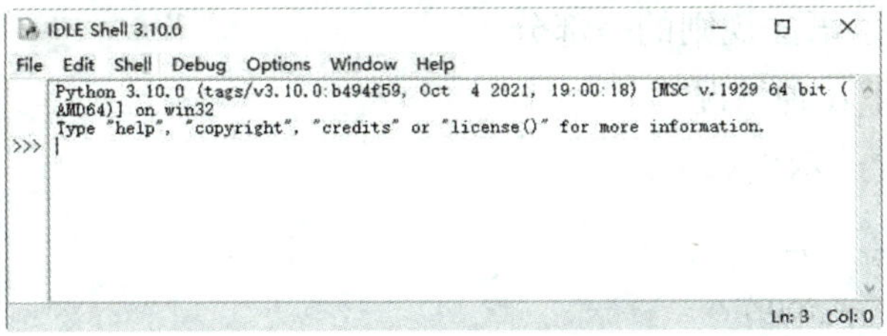

图 2-9　命令行窗口

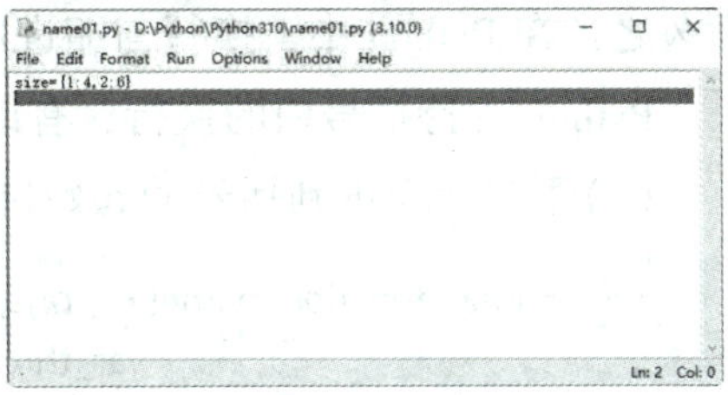

图 2-10　脚本文件

>>>也可以表示为运算提示符，表示 Python 处于准备就绪状态。如在提示符后输入一条命令或一段程序后按【Enter】键，Python 将给出相应的结果，并再次显示一个运算提示符，为下一段程序的输入做准备。

在 Python 命令行窗口中输入汉字时，会出现一个输入窗口。在中文状态下输入的括号和标点等不被认为是命令的一部分，所以，在输入命令的时候一定要在英文状态下进行。

下面介绍几种常见的命令输入过程中的错误及显示的警告与错误信息，并给出一个正确格式示例。

(1)输入的括号为中文格式。

```
>>> sin()
SyntaxError: invalid character '(' (U+FF08)
```

(2)函数使用格式错误。

```
>>>floor(]
SyntaxError: closing parenthesis ']' does not match opening parenthesis '('
```

(3)缺少步骤，未定义变量。

```
>>> print(s)
Traceback (most recent call last):
  File "<pyshell#11>", line 1, in <module>
    print(s)
NameError: name 's' is not defined
```

(4)正确格式。

```
>>> a =1
>>> b =2
>>> print(a+b)
3
```

2. 换行

换行和缩进，更多的是为了提高代码可读性而做的一些代码美化性质的工作。久而久之，在 Python 中，换行与缩进成了语法规则的一部分。

Python 支持括号内的换行，有以下 5 种情况。

(1)第二行缩进到括号的起始位置。示例如下。

```
foo = long_function_name(var_one, var_two,
                         var_three, var_four)
```

(2)第二行缩进 4 个空格，适用于起始括号后就换行的情况。示例如下。

```
def long_function_name(
        var_one, var_two, var_three,
        var_four):
        pass
```

(3)使用反斜杠(\ )换行。二元运算符+、. 等应出现在行末；长字符串也可以用此法换行。示例如下。

```
session. query(MyTable). \
        filter_by(id =1). \
one( )

print 'Hello, '\
      '% s % s! ' % \
      ('Harry', 'Potter')
```

(4)禁止复合语句(一行中包含多个语句)。示例如下。

```
#规范
do_first( )
do_second( )
do_third( )

#不规范
do_first();do_second();do_third();
```

(5)if/for/while 中要换行。示例如下。

```
#规范
if foo = = 'blah':
    do_blah_thing( )

#不规范
if foo = = 'blah': do_blah_thing( )
```

3. 缩进

缩进的空格数量是可变的，但是所有代码块语句必须包含相同的缩进空格数量，这个规则必须严格执行，如可统一使用4个空格进行缩进。示例如下。

```
if True:
    print ("True")
else:
    print ("False")
```

缩进也可使用【Tab】键，但按一次【Tab】键不一定是4个空格，若使用的缩进方式不一致，如有的用【Tab】键缩进，有的用空格缩进，可能导致异常。

2.4.2　常量与变量

常量与变量都是用于存储数据的容器，在定义时都需要指明数据类型，它们唯一的区别是常量中存放的值不允许更改，而变量中存放的值允许更改。

可以将常量视为一种特殊的变量，只不过这种变量在定义时必须被赋值，且之后不能重新赋值或更改。

以常量作为研究对象的数学称为常量数学或初等数学，主要包括算术、初等代数、几何等学科。常量数学主要在形式逻辑的范围内活动，虽然适应了一定的生产力发展需要，但存在一定的局限性。变量的引进使它成为数学的研究对象，加速了变量数学的主要部分(微积分)的产生。

1. 常量

常量是程序运行中值不改变的量，如身份证号、出生年月等固定不变的数值。Python 中并没有提供定义常量的保留字，不过在 Python 编码规范 PEP8 中定义了常量的命名规范为大写字母和下画线。

例如，常用的数学常数圆周率就是一个常量。

```
>>> PI = 3.14159265359
>>> PI
3.14159265359
```

目前常采用命名全为大写字母的方式标识常量，但实际上这种方式并不能起到防止修改的功能，而只是从语义和可读性上做了区分。在实际项目中，为常量首次赋值后，还是可以被其他代码修改。所以，用全部大写的变量名表示常量只是一个习惯上的用法。示例如下。

```
>>> PI = 3
>>> PI
3
```

2. 变量

变量是程序设计语言的基本元素之一，Python 当然也不例外。与常规的程序设计语言不同的是，Python 并不要求事先对所使用的变量进行声明，也不需要指定变量类型，而会自动依据所赋予变量的值或对变量所进行的操作来识别变量的类型。在赋值过程中，如果赋值变量已存在，则 Python 将使用新值代替旧值，并以新值类型代替旧值类型。

在 Python 中，变量的命名应遵循如下规则。

(1)必须以字母开头，之后可以是任意的字母、数字或下画线。

(2)区分字母的大小写。

(3)应选择有意义的单词。

(4)不超过 31 个字符，第 31 个字符以后的字符将被忽略。

(5)不能把变量赋值给变量，只能把常量赋值给变量。例如，a=b 是错误表达。

变量的命名规则建议尽量使用能描述变量作用的英文单词，并遵循驼峰命名法(Camel-Case)。

驼峰命名法是程序代码的一套命名规则(惯例)，是指混合使用大小写字母来构成变量名和函数名。当变量名或函数名是由一个或多个单词连接在一起构成的唯一标识符时，第一个单词以小写字母开始，从第二个单词开始每个单词的首字母采用大写。例如，myFirstPage、allStudentName，这样的变量名看上去就像驼峰一样此起彼伏，故得名。

每个变量在使用前都必须赋值，变量赋值以后才会被创建。

例如：

```
#如果变量没有赋值而直接使用,会显示变量未定义的异常
>>> sell
Traceback (most recent call last):
  File "<pyshell#9>", line 1, in <module>
    sell
NameError: name 'sell' is not defined
#新的 Python 变量通过赋值的动作,创建并开辟内存空间保存它的值,但不显示结果
#变量无须提前声明,赋值的同时也就声明了变量
>>> sell = 10000          #定义商品销量
>>> sell
10000
```

3. 变量的输入/输出函数

(1) input 函数。input 函数用来提示用户用键盘输入数据、字符串或表达式，并接收输入值。其调用格式如下。

```
input([prompt])
```

这种格式的功能是以字符串 prompt 为信息给出提示，将用户输入内容赋值给变量，返回字符串类型。

(2) print 函数。print 函数用于打印输出。其调用格式如下。

```
print(* objects, sep=' ', end='\n', file=sys. stdout, flush=False)
```

print 函数参数介绍如下。

① objects：复数，表示可以一次输出多个对象。输出多个对象时，需要用英文输入状态下的逗号(,)间隔。

② sep：用来间隔多个对象，默认值是一个空格。

③ end：用来设定以什么结尾，默认值是换行符(\ n)，也可以换成其他字符串。

④ file：要写入的文件对象。

⑤ flush：是否缓存输出结果通常取决于 file，但如果 flush 关键字参数为 True，流会被强制刷新。

输入/输出变量时，可以自定义其格式。例如，Python 的部分格式符号如表 2-1 所示。

表 2-1　格式符号举例

格式符号	说明
%s	输出字符串。例如,%20s 表示输出 20 位，不足 20 位的，前面用空格补齐，如果原始数据长度大于 20，输出不受影响
%f	输出浮点数。例如,%.02f 表示小数点后只显示两位
%d	输出有符号十进制整数。例如,%06d 表示输出的整数显示位数不足的地方用 0 从高位补齐;%6d 表示输出的整数显示位数不足的地方用空格从高位补齐
%%	输出百分号(%)

实例　input 函数演示

在命令行窗口中输入如下程序。

```
n = input('Enter a number: ')      #设置用键盘输入数字提示信息
```

扫码看视频

运行结果如下。

```
Enter a number: 4      #用户输入4
```

实例　print 函数演示

在 PyCharm 命令行窗口(详见项目 4)中输入如下程序。

扫码看视频

```
#! /usr/bin/env python3                          # 定义头文件
# -* - coding: UTF-8 -* -
print('pythonProject')                           #输入变量
r1 = 'Happy New Year'                            #输入变量 r1
print(r1)                                        #输出定义的变量
print('good good study''day day up')             # 输出无间隔的多
个变量
print('good good study', 'day day up')           # 输出用空格间隔
的多个变量
print('good good study', '\n', 'day day up')     # 输出添加换行符
的变量
print('good good study', 'day day up', sep=". ") # 输出添加分隔符
的变量
```

运行结果如下。

```
pythonProject
Happy New Year
```

```
good good studyday day up
good good study day day up
good good study
  day day up
good good study. day day up
```

实例 输出不同格式的变量

在 PyCharm 命令行窗口中输入如下程序。

扫码看视频

```
#! /usr/bin/env python3
# -* - coding: UTF-8 -* -
s1 = 'Good '                          #定义变量
s2 = 'Morning'
print(s1, s2)                         #输出变量
print("% s% 20s" % (s1, s2))          #输出指定间隔的变量
```

运行结果如下。

```
Good  Morning
Good                 Morning
```

2.4.3 功能符号

Python 为了解决命令输入过于烦琐的问题，采用了注释符号、续行符号、赋值符号等。

1. 注释符号

注释用来提示或解释某些代码的作用和功能，提高程序的可读性，可以出现在代码中的任何位置。Python 解释器在执行代码时会忽略注释，不做任何处理，就好像它不存在一样。

Python 支持两种类型的注释，分别是单行注释和多行注释。

(1) Python 单行注释

Python 使用井号(#)作为单行注释的符号。调用格式如下。

```
#注释内容
```

从#开始，直到这行结束为止的所有内容都是注释。Python 解释器遇到#时，会忽略它后面的整行内容。说明多行代码的功能时一般将注释放在代码的上一行，说明单行代码的功能时一般将注释放在代码的右侧。示例如下。

```
#第一个注释
print('#是注释符号')      #第二个注释
```

运行结果如下。

```
#是注释符号
```

(2)Python 多行注释

多行注释指的是一次性注释程序中的多行内容(包含一行)，通常用来为 Python 文件、模块、类、函数等添加版权或功能描述信息。

Python 使用 3 个连续的单引号(''')或 3 个连续的双引号(""")注释多行内容。语法格式如下。

```
'''
```

或

```
"""
```

使用 3 个连续的双引号分别作为注释的开头和结尾，可以一次性注释多行内容，引号内的内容全部是注释内容。例如：

```
"""
第一行注释
第二行注释
"""
```

Python 多行注释不支持嵌套，所以下面的写法是错误的。

```
'''
外层注释
    '''
    内层注释
    '''
'''
```

不管是多行注释还是单行注释，当注释符号作为字符串的一部分出现时，就不能再将其视为注释符号，而应视为正常代码的一部分。示例如下。

```
print('''3 个连续的单引号注释多行内容''')
print("""3 个连续的双引号注释多行内容""")
```

运行结果如下。

```
3 个连续的单引号注释多行内容
3 个连续的双引号注释多行内容
```

> **提示**
>
> 给代码添加说明是注释的基本作用，除此之外还有一个实用的功能，就是用来调试程序。如果觉得某段代码可能有问题，可以先将这段代码变成注释，让 Python 解释器忽略这段代码，然后再运行。如果程序可以正常运行，则可以说明错误就是由这段代码引起的；如果依然出现相同的错误，则可以说明错误不是由这段代码引起的。在调试程序的过程中使用注释可以缩小错误所在的范围，提高调试程序的效率。

2. 续行符号

Python 语句中一般以新行作为语句的结束符。由于命令太长，或出于某种需要，输入指令行必须在多行书写时，需要使用特殊符号反斜杠（ \ ）来处理，如图 2-11 所示。

```
named_x=1-1/2+1/3-1/4+\
1/5-1/6+1/7-1/8
```

图 2-11　多行输入

示例如下。

```
>>>named_x=1-1/2+1/3-1/4+\
1/5-1/6+1/7-1/8
>>>print(named_x)
0.6345238095238095
```

3. 赋值符号

Python 中用等号（ = ）给变量赋值。例如：

```
>>> named_price = 100
```

上面的程序表示，named_price 变量的值是 100。

4. 比较符号

初学者经常犯的错误是将复制符号错认为两个等号。该符号是比较符号，表示的是比较两个值是否相等，如果相等返回 True，如果不相等则返回 False。例如：

```
>>> named_price = 100
>>> named_price == 100
True
>>> named_price == 101
False
```

5. 占位符

无论是变量还是常量，在创建时都会开辟内存空间保存它的值。占位符中的_符号用于调用内存中最近保存的值。例如：

```
>>>PI =3.1415926
>>> _
3.1415926
```

实例 根据学号为读者输入身高

变量赋值分为 4 种方式。下面通过 4 种方式分别为读者输入身高。

(1)单个直接赋值。

扫码看视频

```
>>> height_studentID101 = 175
>>> height_studentID101
175
```

(2)多个批量赋值。

```
>>> height_studentID103 = height_studentID105 = height_studentID110 = 170
>>> height_studentID103; height_studentID105;height_studentID110
170
170
170
```

(3)先计算再赋值。

```
#先计算 17+1,再为结果赋值
>>> height_studentID102 = 170 +1
>>> height_studentID102
171
```

(4)分别赋值。

```
>>> height_studentID104, height_studentID106, height_studentID107 = 165, 163, 167
>>> height_studentID104

165
>>> height_studentID106
163
>>> height_studentID107
167
```

2.4.4 常用指令

在使用 Python 编程时，掌握常用的操作命令或技巧，可以达到事半功倍的效果。Python 常用命令如表 2-2 所示。

表 2-2　常用命令

命令	功能	命令	功能
dir	显示当前目录下的文件	exit	退出命令
print	显示变量或文字内容	type	显示数据类型

Python 中还有一些标点符号被赋予了特殊的意义。下面介绍几种常用的键盘按键与标点，如表 2-3 和表 2-4 所示。

表 2-3　常用键盘按键

键盘按键	说明	键盘按键	说明
↑	移动到上一行	Home	移动到行首
↓	移动到下一行	End	移动到行尾
←	向前移动一个字符	Alt+N	前进到下一次编辑的代码处
→	向后移动一个字符	Del	删除光标处的字符
Ctrl+←	左移一个字符	Backspace	删除光标前的一个字符
Ctrl+→	右移一个字符	Alt+Backspace	删除到行尾
Tab	自动补齐	Alt+P	回退到上一次编辑的代码处

表 2-4　常用标点

标点	说明	标点	说明
.	小数点及域访问符号	‘	字符串标记
=	赋值标记	\	续行符号
,	区分列及函数参数分隔符等	#	注释标记
( )	指定运算过程中的优先顺序	{ }	用于构成字典
[ ]	列表定义标记		

任务评价

评价内容	评价标准	分值	自评	师评
基本符号	掌握 Python 基本符号的功能	25		
常量与变量	掌握常量与变量的定义	25		
功能符号	掌握 Python 功能符号的使用方法	25		
常用指令	掌握 Python 中的常用指令	25		
总分		100		

项 目 小 结

本项目主要介绍了 Python 的基础知识，为读者提供了一个清晰、系统的学习路径。首先介绍了 Python 的基础语法；其次介绍了 Python 的编程方法；再次介绍了脚本文件的管理；最后介绍了 Python 命令的组成。通过本项目的学习，读者能够掌握 Python 编程的基本概念和技能，为后续深入学习 Python 打下坚实的基础。

项 目 习 题

一、选择题

1. 在 Python 编程中，以下哪个词汇是保留字不能用作函数名？(　　)

A. return　　B. example　　C. userInput　　D. dataProcessing

2. 下列关于 Python 标识符命名规则的描述，哪一项是错误的？(　　)

A. 标识符可以由字母、下画线、数字组成

B. 标识符的第一个字符可以是数字

C. 标识符不能使用 Python 中的保留字

D. 标识符不能包含空格及特殊字符(如@ 、#)

3. 在 Python 的主程序部分，如果模块是被直接执行的，_name_的值是什么？(　　)

A. 模块的名称　　B. _main_

C. 一个空字符串　　D. None

4. 下列哪个选项是符合 Python 书写规范的代码？(　　)

A. i=i+1　　B. spam(ham[1], {eggs: 2})

C. dict ['key'] = list [index]　　D. x = x * 2-1

5. 在 IDLE Shell 3.10.0 中，如果输入 0.1 + 2 并按【Enter】键，会得到什么结果？(　　)

A. 0.1 + 2　　B. 2.1　　C. SyntaxError　　D. None

6. 在 Python 命令行窗口中，哪个符号表示指令输入提示符？(　　)

A. >>>　　B. ...　　C. #　　D. $

7. 常量与变量在存储数据时的主要区别是什么？(　　)

A. 常量不需要指明数据类型，而变量需要

B. 变量中存放的值允许更改，而常量中存放的值不允许更改

C. 常量可以重新赋值，而变量不可以

D. 变量和常量在存储数据时没有任何区别

8. 下列哪个符号用于比较两个值是否相等，并返回 True 或 False？(　　)

A. =　　B. ==　　C. ===　　D. !==

二、上机操作题

1. 输出珠穆朗玛峰地区采集数据。

从珠穆朗玛峰地区采集不同地质时代的碳酸岩标本，进行化学分析，其测量数据如表 2-5 所示。输出这些数据，结果如图 2-12 所示。

表 2-5　碳酸岩标本数据

时代	编号	SiO_2	Al_2O_3	MgO	CaO	K_2O	Na_2O
古生代	JBR_{52}	20.92	4.50	3.13	36.7	1.20	0.75
	$JSAR_3$	31.09	7.02	2.16	30.6	2.55	0.95
	JBR_{12}	6.01	3.10	1.30	29.8	2.05	0.20
	$JSAR_{24}$	20.21	2.26	1.73	48.28	0.60	0.40
中新生代	$JSAR_{33}$	18.86	1.83	2.59	37.30	0.95	0.25
	$JSAR_{35}$	8.98	1.41	1.41	45.56	0.45	0.40
	$JSARA_{40}$	20.30	4.35	1.70	37.58	0.20	0.40
	$JSRF_{22}$	9.52	3.37	1.52	37.20	0.60	0.50

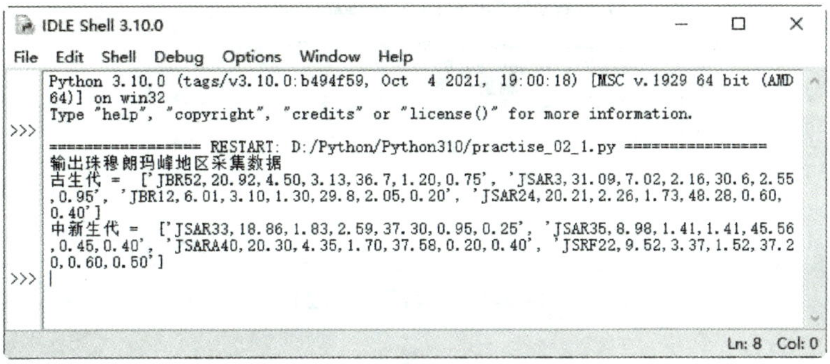

图 2-12　运行结果(1)

(1)通过等号直接定义变量 X，表示古生代碳酸岩标本数据。

(2)通过等号直接定义变量 Y，表示中新生代碳酸岩标本数据。

2. 输出油泵柱塞组合件拉脱力影响因素试验数据。

某厂生产的油泵柱塞组合件存在质量不稳定、拉脱力波动大的问题。该组合件应能承受大于 900 N 的拉脱力。为了寻找最优工艺条件，提高产品质量，该厂决定进行试验。根据经验，认为柱塞头的外径、高度、倒角、收口油压(分别记为 A、B、C、D)4 个因素可能对拉脱力产生影响，因此决定在试验中考查这 4 个因素，另根据经验，确定了各个因素的 3 种水平。试验结果如表 2-6 所示。输出测量数据表头，结果如图 2-13 所示。

表 2-6　测量数据(2)

序号	A	B	C	D	拉脱力数据
1	1	1	1	1	857
2	1	2	2	2	951
3	1	3	3	3	909
4	2	1	2	3	878
5	2	2	3	1	973
6	2	3	1	2	890
7	3	1	3	2	803
8	3	2	1	3	1 030
9	3	3	2	1	927

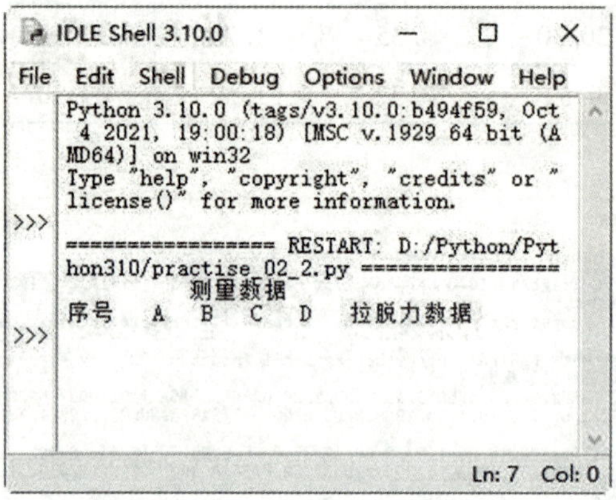

图 2-13　运行结果(2)

(1)通过等号直接定义变量，表示数据表头。

(2)通过输出格式字符定义数据表头的输出。

项目 3　Python 数据库

项目导读

Python 除了有内置库、标准库外，还有许多其他高质量的第三方库，如 wxPython、Twisted 和 Python 图像库等，这些库需要另行安装。本项目主要介绍 Python 数据库的相关知识。

学习目标

◆ 知识目标

- 了解 Python 库的分类。
- 了解不同功能的第三方库。
- 学会安装第三方库与调用库中的模块和函数。

◆ 技能目标

- 清晰区分标准库和第三方库，明白它们在 Python 开发中的重要性，能举例说明常见 Python 库在不同领域的应用场景熟悉 Python 里各种功能符号的用途和含义。
- 具备自主学习和探索新的 Python 库的能力，快速掌握新库的使用方法，拓展自己的编程技能。

◆ 素质目标

- 在进行数据库操作时，注重代码的规范性和可读性，使读者养成良好的编程习惯。
- 提升读者解决问题的能力，使其能够独立分析和解决在使用 Python 操作数据库过程中出现的各种问题。

◆ 思政目标

- 学会利用业余时间学习新的数据库技术和工具，提升读者的竞争力。
- 培养读者在面对复杂的数据库问题时，能够灵活运用所学知识，提出创新性的解决方案的能力。

任务 1 Python 库概述

任务描述

小白在用 Python 运行三角函数时，发现函数无法识别，问了师兄才知道 Python 自带的数据库中没有三角函数。那么，Python 自带的数据库有哪些？如何安装 Python 的其他数据库？

任务分析

本任务首先介绍 Python 内置函数，帮助读者了解内置函数的基本概念和重要性；其次介绍 Python 标准库，帮助读者学习标准库的重要地位以及所包含的内容；最后介绍 Python 第三方库，帮助读者了解第三方库的概念以及获取方式。

任务重点与实施

Python 的一大特色是其具有丰富的模块，基本上只要用户能想到的常见开发需求，都能找到别人已经实现的库并直接使用，或者用相关的工具/框架来辅助实现。

3.1.1 Python 内置函数

Python 解释器自带的函数称为内置函数，存在于内置库中。这些函数可以直接使用，不需要导入某个模块。

通常，内置函数的执行效率要高于标准库函数。Python 解释器一旦启动，所有的内置函数就都生效了；而导入标准库的某个模块后，只是该模块下的函数生效，并不是所有的标准库函数都生效。表 3-1 列出了 Python 3. x 的所有内置函数。

表 3-1 Python 3. x 所有内置函数

abs	delattr	hash	memoryview	set
all	dict	help	min	setattr
any	dir	hex	next	slice
ascii	divmod	id	object	sorted
bin	enumerate	input	oct	staticmethod
bool	eval	int	open	str
breakpoint	exec	isinstance	ord	sum
bytearray	filter	issubclass	pow	super
bytes	float	iter	print	tuple

（续表）

abs	delattr	hash	memoryview	set
callable	format	len	property	type
chr	frozenset	list	range	vars
classmethod	getattr	locals	repr	zip
compile	globals	map	reversed	__import__
complex	hasattr	max	round	

下面详细介绍经常用到的内置函数。

1. dir

dir 函数不带参数时，返回当前范围内的变量、方法和定义的类型列表；带参数时，返回参数的属性、方法列表。例如：

```
>>> dir()      #获得当前模块的属性列表
['__annotations__', '__builtins__', '__doc__', '__loader__', '__name__', '__package__', '__spec__']
>>> dir([ ])      #查看函数列表
['__add__', '__class__', '__class_getitem__', '__contains__', '__delattr__', '__delitem__', '__dir__', '__doc__', '__eq__', '__format__', '__ge__', '__getattribute__', '__getitem__', '__gt__', '__hash__', '__iadd__', '__imul__', '__init__', '__init_subclass__', '__iter__', '__le__', '__len__', '__lt__', '__mul__', '__ne__', '__new__', '__reduce__', '__reduce_ex__', '__repr__', '__reversed__', '__rmul__', '__setattr__', '__setitem__', '__sizeof__', '__str__', '__subclasshook__', 'append', 'clear', 'copy', 'count', 'extend', 'index', 'insert', 'pop', 'remove', 'reverse', 'sort']
```

2. del

del 函数用于删除 Number 对象引用。其调用格式如下。

```
del var1[,var2[,var3[...,varN]]]
```

实例　删除变量

Python 程序如下。

```
>>> name = 'baicai'          #定义字符串
>>> name                     #显示字符串
'baicai'
>>> del name                 #删除变量
>>> name                     #显示变量,出现错误信息
Traceback (most recent call last):
  File "<pyshell#13>", line 1, in <module>
    name
NameError: name 'name' is not defined
```

扫码看视频

3. import

要使用 math 或 cmath 函数必须先导入。Python 提供 import 函数用于动态加载类和函数，导入库中的函数模块。其调用格式如下。

```
__import__(name[, globals[, locals[, fromlist[, level]]]])
```

name 表示模块名。

实例 导入标准库函数

Python 程序如下。

```
>>> pi      #调用数学运算模块中的常量,出现错误信息
Traceback (most recent call last):
  File "<pyshell#12>", line 1, in <module>
    pi
NameError: name 'pi' is not defined
>>> import math      #加载数学函数模块
>>> math. pi      #调用模块中的常量
3. 141592653589793
```

扫码看视频

3.1.2 Python 标准库

Python 标准库相当于解释器的外部扩展，它并不会随着解释器的启动而启动。要想使用这些外部扩展，必须提前导入。Python 标准库很庞大，可以帮助用户处理各种工作，包括正则表达式、文本、单元测试、线程、数据库、网页浏览器、公共网关接口(CGI)、文件传送协议(FTP)、电子邮件、可扩展标记语言(XML)、可扩展标记语言-远程过程调用(XML-RPC)、超文本标记语言(HTML)、密码系统、GUI、Tk 等与系统有关的操作。

1. Python 标准库的分类

下面按照模块分类介绍 Python 标准库。

(1)数字和数学模块。

① numbers：数字的抽象基类。

② math：数学函数。

③ cmath：复数的数学函数。

④ decimal：十进制定点和浮点运算。

⑤ fractions：有理数。

⑥ random：伪随机数。

⑦ statistics：数学统计函数。

(2)数据类型模块。

① datetime：日期和时间。

② calendar：与日历相关的一般功能。

③ collections：容器数据类型。

④ heapq：堆队列算法。

⑤ bisect：数组二分查找算法。

⑥ array：高效的数值数组。

⑦ weakref：弱引用。

⑧ types：动态类型和内置类型的名称。

⑨ copy：浅层和深层复制操作。

⑩ pprint：格式化输出。

⑪ reprlib：备用 repr()实现。

⑫ enum：支持枚举。

(3)功能编程模块。

① itertools：为高效循环创建迭代器的函数。

② functools：可调用对象的高阶函数和操作。

③ operator：标准运算符替代函数。

(4)数据持久化模块。

① pickle：Python 对象序列化。

② copyreg：注册配合 pickle 模块使用的函数。

③ shelve：Python 对象持久化。

④ marshal：内部 Python 对象序列化。

⑤ dbm：与 UNIX 数据库的接口。

⑥ sqlite3：SQLite 数据库的 DB-API 2.0 接口。

(5)数据压缩和存档模块。

① zlib：与 GZIP 兼容的压缩。

② gzip/bz2：支持 GZIP/BZIP2 文件。

③ lzma：使用 LZMA 算法进行压缩。

④ zipfile：使用 ZIP 文件存档。

⑤ tarfile：读取和写入 TAR 归档文件。

(6)文件格式模块。

① csv：CSV 文件读/写。

② configparser：配置文件解析器。

③ netrc：NETRC 文件处理。

④ xdrlib：对 XDR 数据进行编码和解码。

⑤ plistlib：生成并解析 Mac OS X 的 X. plist 文件。

(7)文件和目录访问模块。

① pathlib：面向对象的文件系统路径。

② os. path：常见的路径操作。

③ fileinput：迭代多个输入流中的行。

④ stat：解释 stat( )的结果。

⑤ filecmp：文件和目录比较。

⑥ tempfile：生成临时文件和目录。

⑦ glob：UNIX 样式路径名模式扩展。

⑧ fnmatch：UNIX 文件名模式验证。

⑨ linecache：随机访问文本行。

⑩ shutil：高级文件操作。

⑪ macpath：Mac OS 9 路径操作函数。

(8)通用操作系统服务模块。

① os：其他操作系统接口。

② io：处理流的核心工具。

③ time：时间访问和转换。

④ argparse：命令行选项、参数和子命令解析器。

⑤ getopt：C 风格的命令行选项解析器。

⑥ logging：Python 的日志记录工具。

⑦ getpass：便携式密码输入工具。

⑧ curses：字符单元显示的终端处理。

⑨ platform：访问底层平台的标记数据。

⑩ errno：标准错误代码(errno)系统符号。

⑪ ctypes：Python 的外部函数库。

2. Python 标准库的主要功能

Python 标准库的主要功能如下。

(1)文本处理功能：包括文本格式化、正则表达式匹配、文本差异计算与合并、Unicode 编码支持、二进制数据处理等。

(2)文件处理功能：包括文件/临时文件创建、文件压缩与归档、配置文件操作等。

(3)操作系统功能：包括线程与进程支持、I/O 复用、日期与时间处理、系统函数调用、写日志(logging)等。

(4) 网络通信功能：包括网络套接字通信、安全套接字加密通信、异步网络通信等。

(5) 网络协议功能：支持超文本传送协议（HTTP）、FTP、简单邮件传送协议（SMTP）、因特网接入点（POP）、因特网消息访问协议（IMAP）、网络新闻传送协议（NNTP）、XML-RPC 等多种网络协议，并提供了编写网络服务器的框架。

(6) W3C 格式支持功能：支持对 HTML、标准通用标记语言（SGML）、XML 的处理。

只要安装了 Python，以上所有功能就都是可用的，Python 建立庞大的库的理念被称为 Python 的“功能齐全”理念。

3.1.3　Python 第三方库

第三方库下载、安装完成后，可以导入 Python 中使用。Python 第三方库中的函数比 Python 内置的函数多，功能也很强大。下面介绍 Python 常用的第三方库。

1. Python 内置函数

(1) scrapy：常用爬虫库。

(2) requests http：Python 做接口测试或爬数据常用的库。

(3) pillow：PIL（Python 图形库）的一个分支，适用于图形领域工作者。

(4) matplotlib：绘制数据图的库，对于数据科学家或分析师非常有用。

(5) opencv：识别图片常用的库，在练习人脸识别时会用到。

(6) pytesseract：图片文字识别库，即 OCR 识别库。

(7) jira：操作 Jira，查询 Jira 信息。

(8) python-jenkins：操作 Jenkins。

(9) python-gitlab：查询 GitLab 信息。

(10) wxpython：GUI 工具库。

(11) twisted：是网络应用开发者非常重要的工具。

(12) sympy：可以解决多项式求值/极限、解方程、求积分/微分、级数展开、矩阵运算等问题。

(13) sqlalchemy：数据库的库。

(14) scipy：Python 的算法和数学工具库。

(15) scapy：数据包探测和分析库。

(16) pywin32：提供与 Windows 交互的方法和类的 Python 库。

(17) pyqt：Python 的 GUI 工具。

(18) pygtk：Python 的 GUI 库。

(19) pyglet：用于 3D 动画和游戏开发引擎。

(20) pygame：在开发 2D 游戏时使用会有很好的效果。

(21) numpy：为 Python 提供了很多高级的数学方法。

(22) nltk：自然语言工具包。

(23)ipython：Python 的提示信息，包括完成信息、历史信息、Shell 功能信息等。

2. 数学计算库 numpy

数学计算库 numpy(numerical python)是 Python 的一种开源的数值计算扩展库，用来存储和处理大型矩阵，比 Python 自身的嵌套列表结构(nested list structure)要高效得多，支持多维数组与矩阵运算，针对数组运算提供大量的数学函数库。

numpy 属于第三方库，需要下载、安装、导入后才可以应用。下载、安装 numpy 的简单方法是使用 pip 工具(安装 Python 时已经安装 pip 工具)。

(1)在“开始”菜单的搜索框中输入 cmd，按【Enter】键，打开“命令提示符”窗口，显示用户名(不同用户显示的用户名不同)。

```
C:\Users\yan>
```

(2)在窗口中输入如下程序。

```
pip3 install numpy
```

(3)出现 numpy 的安装过程信息。

```
C:\Users\yan>pip3 install numpy
Collecting numpy
  Downloading numpy-1.21.4-cp310-cp310-win_amd64.whl (14.0 MB)
     |━━━━━━━━━━━━━━━━━━━━━━━━━━━━━━━━━━━━━━━━|14.0 MB 218 kB/s
```

(4)安装结束后，显示安装成功信息。

```
Installing collected packages: numpy
Successfully installed numpy-1.21.4
```

(5)安装结束后，启动 Python，在 IDLE Shell 3.10.0 中输入如下程序，验证安装是否成功。

```
>>> from numpy import *
>>>eye(4)
array([[1., 0., 0., 0.],
       [0., 1., 0., 0.],
       [0., 0., 1., 0.],
       [0., 0., 0., 1.]])
```

提示

(1)from numpy import * 表示导入数学计算库 numpy。
(2)eye(4)用于生成对角矩阵。

(6)若未安装成功，显示如下信息。其中，警告信息显示颜色为红色。

```
>>> from numpy import *
Traceback (most recent call last):
```

```
  File "<pyshell#19>", line 1, in <module>
    from numpy import *
ModuleNotFoundError: No module named 'numpy'
```

3. 数据处理库 pandas

数据处理库 pandas 是基于 numpy 的一种工具，是为解决数据分析任务而创建的，纳入了大量库和一些标准的数据模型，提供了高效地操作大型数据集所需的工具，以及大量能使用户快速、便捷地处理数据的函数和方法。

（1）在“开始”菜单的搜索框中输入 cmd，按【Enter】键，打开“命令提示符”窗口，显示用户名（不同用户显示的用户名不同）。

```
C:\Users\yan>
```

（2）在窗口中输入如下程序。

```
pip3 installpandas
```

（3）出现 pandas 的安装过程信息与安装结果，如图 3-1 所示。

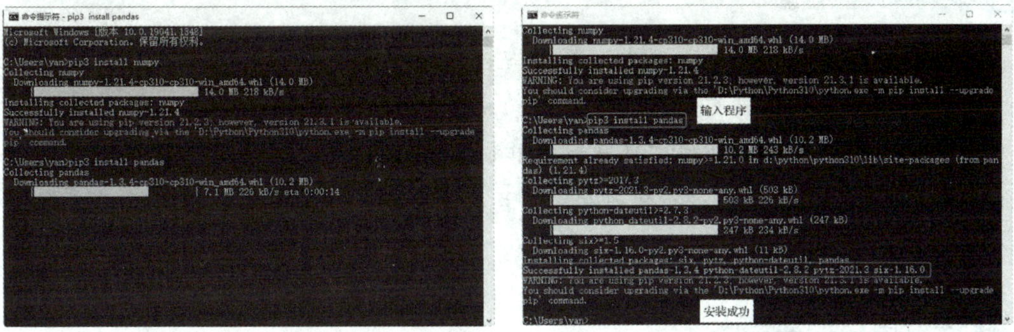

（a）　（b）

图 3-1　安装过程信息与安装结果

任务评价

评价内容	评价标准	分值	自评	师评
Python 内置函数	掌握 Python 常用的内置函数	20		
Python 标准库	掌握 Python 标准库的分类	20		
	熟悉 Pyhton 标准库的主要功能	20		
Python 第三方库	掌握 numpy 和 pandas 的安装方法	20		
	熟悉 Python 内置函数	20		
总分		100		

任务 2　Python 集成库 Anaconda

任务描述

小白周六去参加聚会，与同学聊天。对方在学习数据库，与小白讨论学习经验。了解到小白在学习 Python 后，同学推荐小白安装 Anaconda。那么，Anaconda 是什么？如何安装 Anaconda？Anaconda 能实现什么样的功能？

任务分析

本任务首先介绍安装 Anaconda，它能为数据科学、机器学习等领域的开发和研究提供强大的工具基础；其次介绍验证安装结果，让用户能够确认安装的版本以及所包含的组件，以便在后续的使用中更好地了解和利用 Anaconda 的功能；最后介绍 Jupyter Notebook，它可以方便用户进行代码编写、运行和分享，尤其适用于数据探索、教学和协作开发等场景。

任务重点与实施

Anaconda 是一个专门用于统计和机器学习的 IDE，集成了 Python 和许多基础的库(如 numpy 和 pandas 等)，直接安装 Anaconda，能省去许多复杂的配置过程。

3.2.1　安装 Anaconda

安装 Anaconda 的方法如下。

(1)打开 Anaconda 官网下载页面，单击 Download(下载)按钮，下载 Anaconda3-2021.11-Windows-x86_64.exe 文件，如图 3-2 所示。这里默认下载的版本同时适用于 64bit 和 32bit 。

(2)双击安装文件 Anaconda3-2021.11-Windows-x86_64.exe，弹出 Anaconda3 2021.11 (64-bit) Setup 对话框中的安装界面 Welcome to Anaconda3 2021.11(64-bit) Setup，如图 3-3 所示。

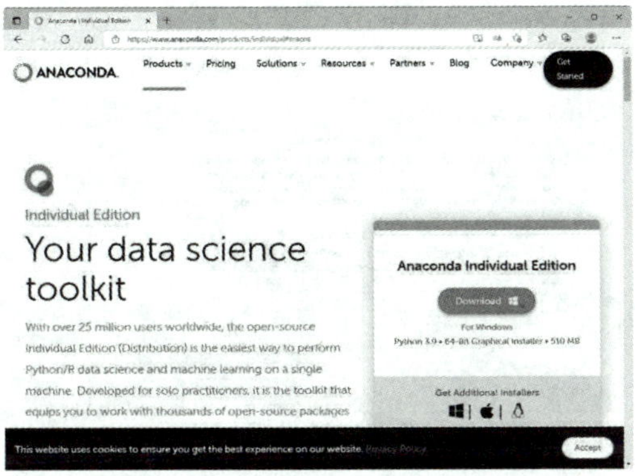

图 3-2　Anaconda 官网下载页面

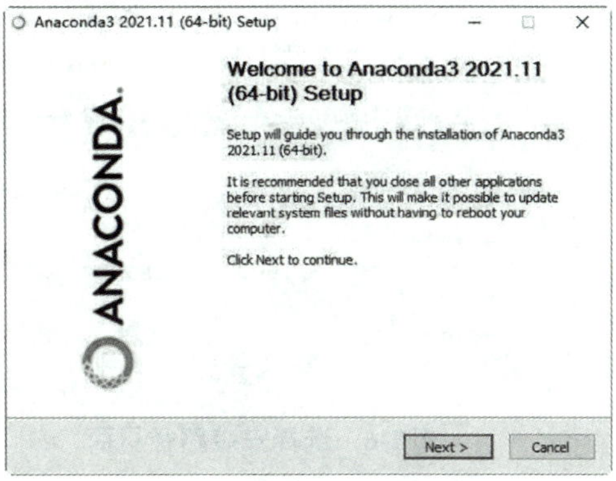

图 3-3　安装界面

(3)单击 Next 按钮，进入安装协议界面 License Agreement，如图 3-4 所示。

(4)单击 I Agree/(我同意)按钮，进入选择安装类型界面 Select Installation Type，如图 3-5 所示。

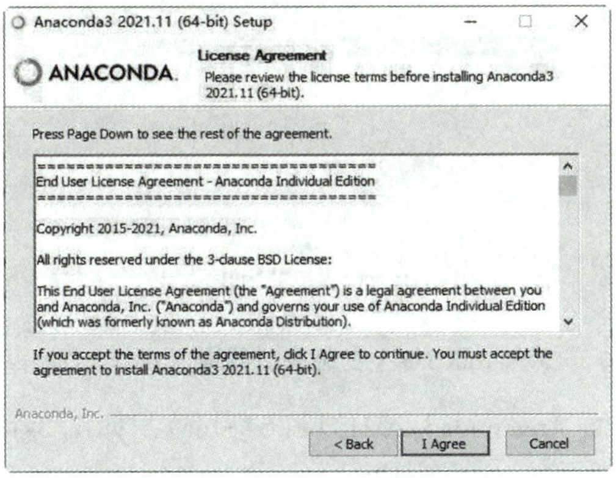

图 3-4　安装协议界面

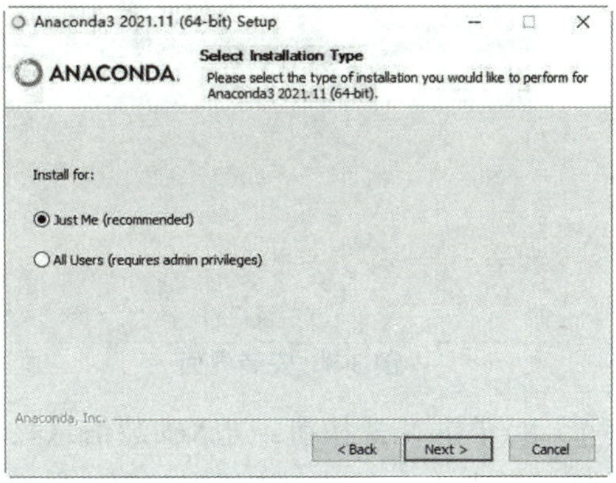

图 3-5　选择安装类型界面

(5)选择 Just Me(recommended)(只为我这个用户安装)单选项，单击 Next 按钮，进入选择安装路径界面 Choose Install Location。系统默认 Anaconda 的安装路径为 C：\ Users \ yan \ anaconda3，用户可以通过单击 Browse(搜索)按钮自定义安装路径，如图 3-6 所示。目标路径中不能含有空格，也不能是 Unicode 编码。

(6)确定好安装路径后，单击 Next 按钮，进入设置安装选项界面 Advanced Installation Options，取消勾选 Add Anaconda3 to my PATH environment variable(将 Anaconda3 添加至我的环境变量)复选框，否则会影响其他程序的使用；默认勾选 Register Anaconda3 as my default Python 3.9 复选框，如图 3-7 所示。

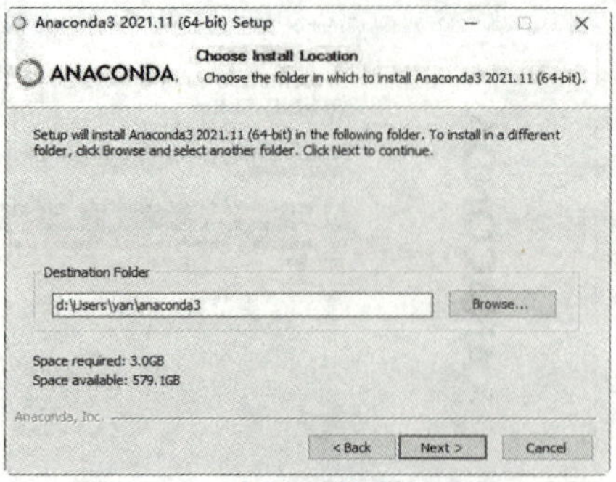

图 3-6　选择安装路径界面

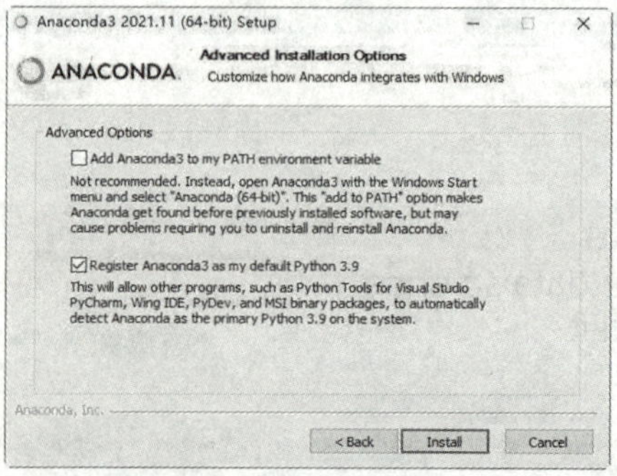

图 3-7　设置安装选项界面

(7)单击 Install 按钮，进入安装界面 Installing，开始安装，如图 3-8 所示。单击 Show details 按钮可以查看安装细节。由于系统需要复制大量文件，所以需要等待几分钟。安装结束后会出现安装完成界面 Installation Complete，如图 3-9 所示。

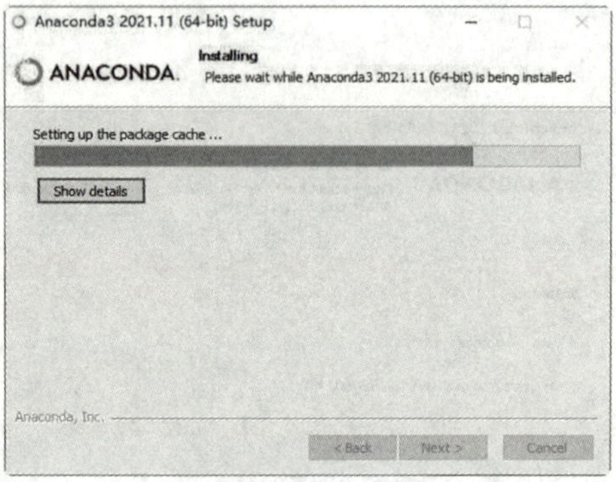

图 3-8　安装界面

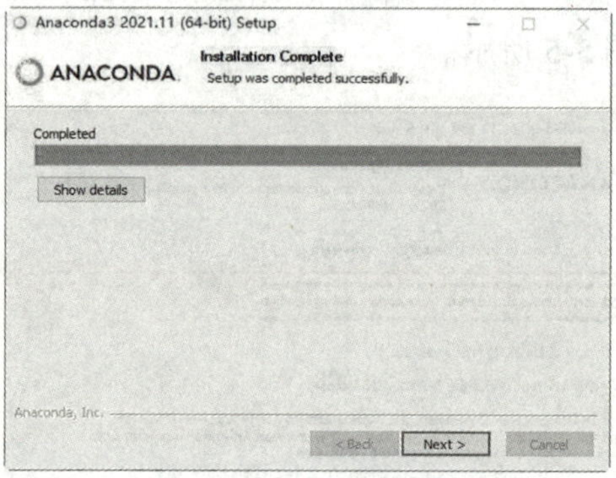

图 3-9　安装完成界面

(8)单击 Next 按钮，进入安装信息显示界面 Anaconda3 2021.11(64-bit)，如图 3-10 所示。单击 Next 按钮，进入安装完成界面 Completing Anaconda3 2021.11 (64-bit) Setup，显示 Thank you for installing Anaconda Individual Edition. 信息，表示安装成功。取消勾选 Anaconda Individual Edition Tutorial(Anaconda 个人版教程)和 Getting Started with Anaconda (启动 Anaconda)复选框，如图 3-11 所示，单击 Finish 按钮，完成安装。

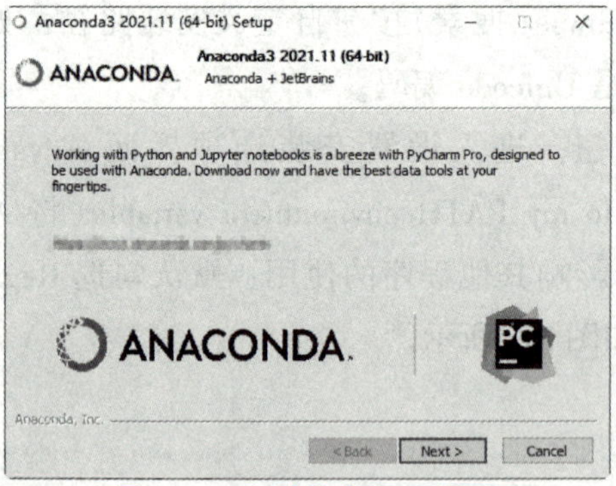

图 3-10　安装信息显示界面

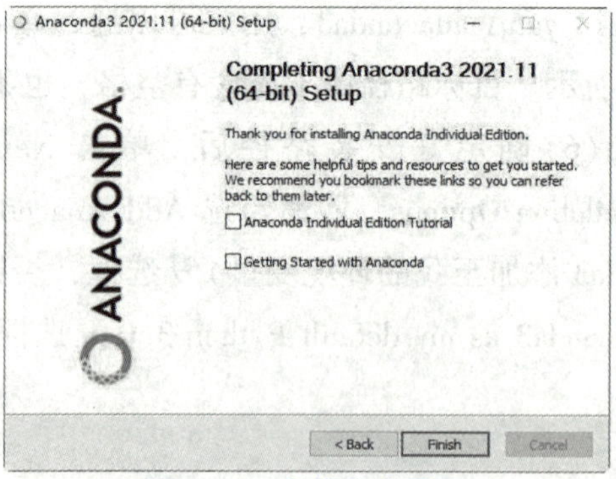

图 3-11　安装完成界面

3.2.2　验证安装结果

安装完成后，会在“开始”菜单中创建一个 Anaconda3(64-bit)子菜单，如图 3-12 所示。

Anaconda Navigator(anaconda3)：管理工具包和环境的图形用户界面程序。

Anaconda Powershell Prompt(anaconda3)：打开 Anaconda3“命令提示符”窗口。

Anaconda Prompt(anaconda3)：在 Anaconda3“命令提示符”窗口安装、卸载及更新包等程序。

Jupyter Notebook(anaconda3)：交互式开发工具，基于 Web 的交互式 Python 开发环境。

Reset Spyder Settings(anaconda3)：重置 Spyder 程序。

Spyder(anaconda3)：Python 集成开发环境，以表格方式浏览变量，方便查看数据。

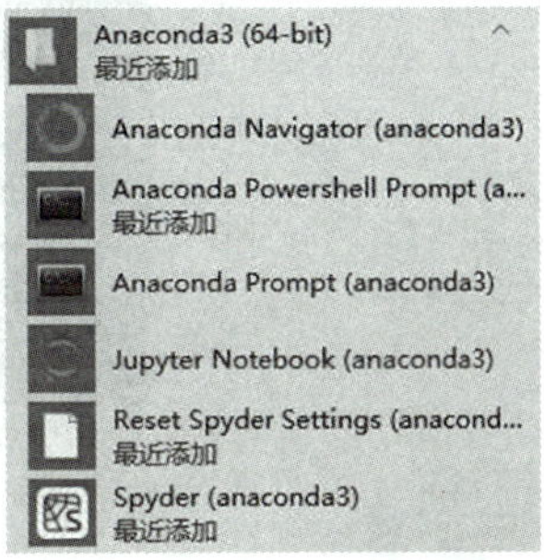

图 3-12　Anaconda3(64-bit)子菜单

可使用以下任意方法进行验证。

(1)选择“开始”→Anaconda3(64-bit)→Anaconda Navigator(anaconda3)命令，成功启动 Anaconda Navigator，如图 3-13 所示。

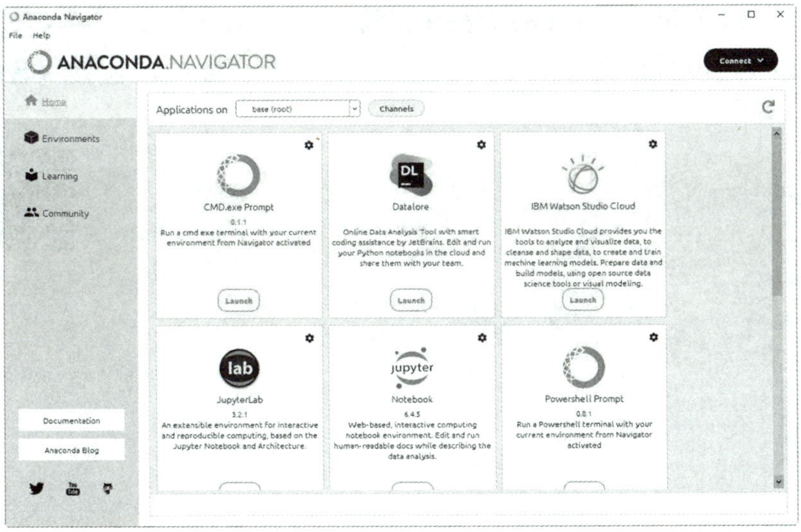

图 3-13　启动 Anaconda Navigator

(2)在“开始”→Anaconda3(64-bit)→ Anaconda Prompt(anaconda3)命令上单击鼠标右键，在弹出的快捷菜单中选择“以管理员身份运行”命令，启动 Anaconda Prompt，输入 conda list，按【Enter】键，可以查看已经安装的包名和版本号，如图 3-14 所示，结果正常显示，说明安装成功。

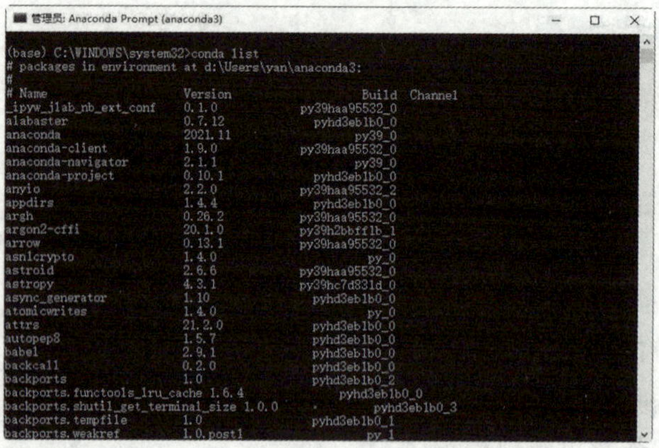

图 3-14 启动 Anaconda Prompt

实例 Anaconda 环境设置

(1)启动 Anaconda Navigator，单击 Environments 选项，显示 Anaconda 环境设置界面。

(2)单击 Create(创建)按钮➕，弹出 Create new environment(创建新环境)对话框，在 Name(名称)文本框中输入新环境名称 p39，在 Packages(包)选项中勾选 Python 复选框，在其下拉列表中选择 3.9.7，如图 3-15 所示。单击 Create 按钮，创建新环境 p39，如图 3-16 所示。

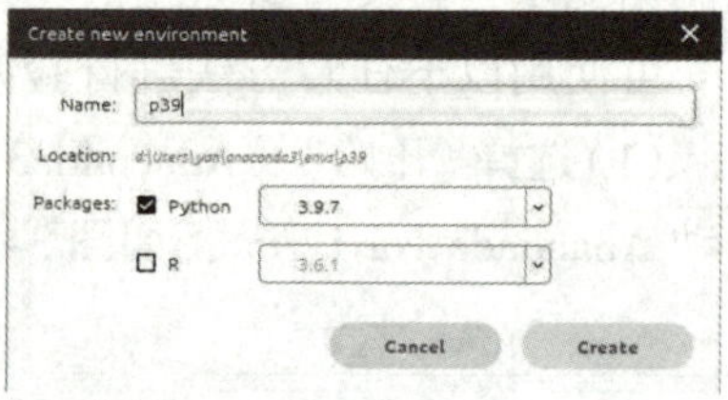

图 3-15 创建新环境对话框

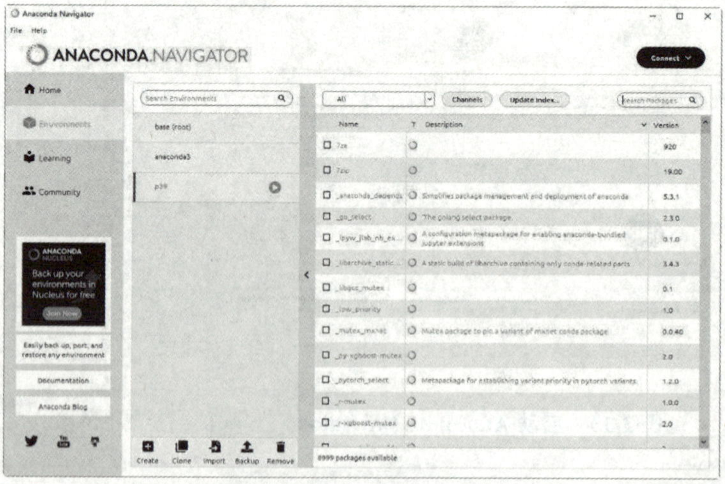

图 3-16 创建新环境 p39

扫码看视频

3. 2. 3　Jupyter Notebook

Jupyter Notebook 是基于网页、用于交互计算的应用程序，可被应用于全过程计算、开发、文档编写、代码运行和结果展示。Jupyter Notebook 是文学式开发工具，以网页的形式打开，用户可以在网页中直接编写和运行代码，运行结果也会直接在代码块下方显示。

Jupyter Notebook 的主要特点如下。

(1) 编程时具有语法高亮、缩进、Tab 补全的功能。

(2) 可直接通过浏览器运行代码，同时在代码块下方显示运行结果。

(3) 以富媒体格式展示计算结果。富媒体格式包括 HTML、LaTeX、PNG、SVG 等。

(4) 为代码编写说明文档或语句时，支持 Markdown 的语法。

(5) 支持使用 LaTeX 编写数学性说明。

安装集成库 Anaconda 后，自动安装 Jupyter Notebook。下面介绍两种运行 Jupyter Notebook 的方法。

(1) 选择“开始”→Anaconda3(64-bit)→Jupyter Notebook(anaconda3)命令。

(2) 在“开始”菜单的搜索框中输入 Jupyter Notebook(不区分大小写)。

执行上述命令后，打开 Jupyter Notebook(anaconda3)启动界面，如图 3-17 所示，之后自动打开 Jupyter Notebook 界面，如图 3-18 所示。

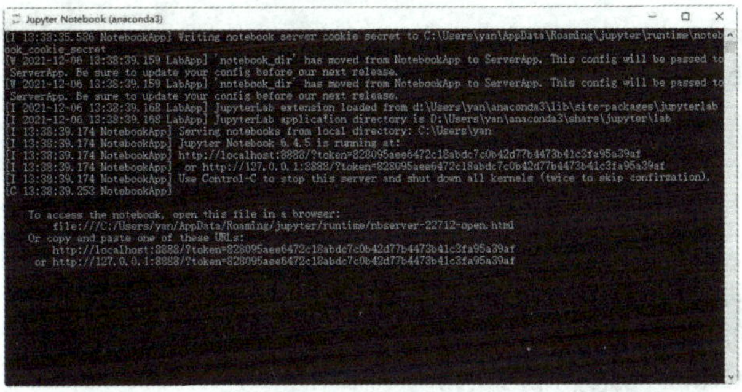

图 3-17　Jupyter Notebook(anaconda3)启动界面

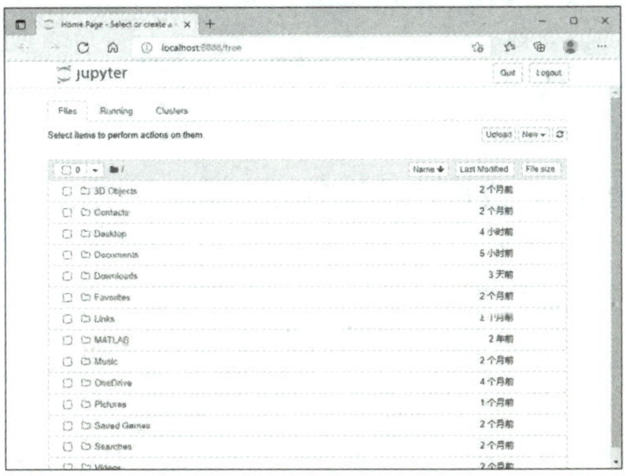

图 3-18　Jupyter Notebook 界面

实例 创建记事本

（1）打开 Jupyter Notebook 界面，单击 Files 选项卡，在右上角的 New（新建）下拉列表中选择 Python 3（ipykernel）命令，如图 3-19 所示。创建 Python 记事本文件，进入记事本编辑环境，如图 3-20 所示。

扫码看视频

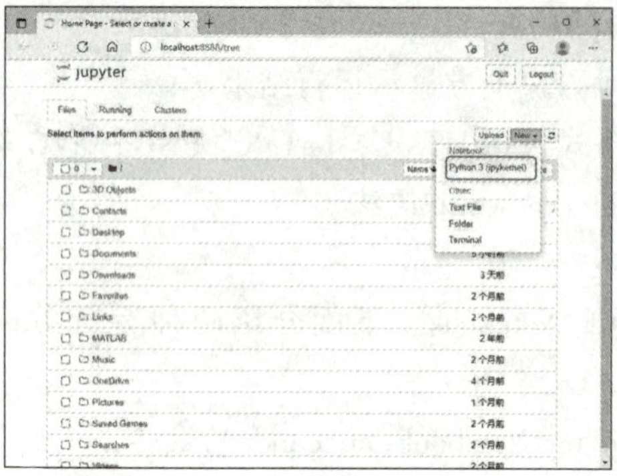

图 3-19 新建 Python 记事本文件命令

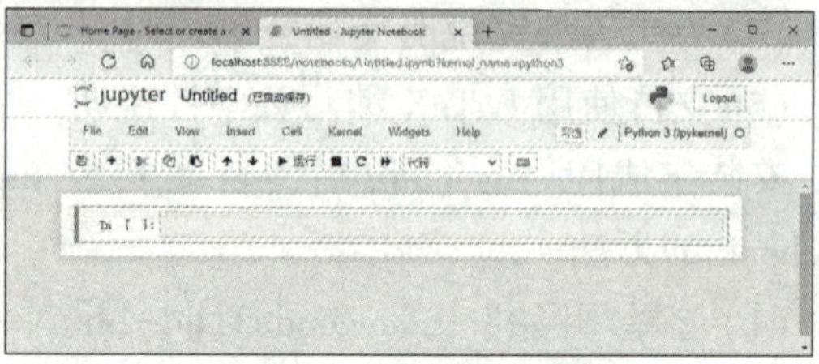

图 3-20 记事本编辑环境

（2）在 In[ ]：文本框中输入如下程序。

```
from mpl_toolkits. mplot3d import Axes3D
import matplotlib. pyplot as plt
import numpy as np
fig = plt. figure()
ax = fig. add_subplot(111, projection='3d')
# Make data
u =np. linspace(0, 2 * np. pi, 100)
v =np. linspace(0, np. pi, 100)
x = 10 * np. outer(np. cos(u), np. sin(v))
y = 10 * np. outer(np. sin(u), np. sin(v))
z = 10 * np. outer(np. ones(np. size(u)), np. cos(v))
# Plot the surface
ax. plot_surface(x, y, z, color='b')
plt. show()
```

（3）单击“运行”按钮 ▶，或按快捷键【Ctrl+Enter】，输出图形，如图 3-21 所示。

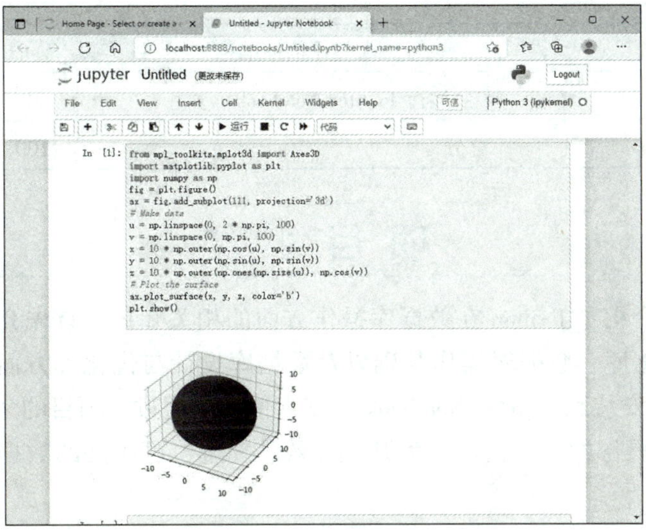

图 3-21　输出图形

Jupyter Notebook 文件的保存类型有很多种。下面介绍如何保存为 Jupyter Notebook 专属格式和 Python 格式。

(1)保存为 Jupyter Notebook 专属格式：选择菜单栏中的 File→Save as 命令，弹出如图 3-22 所示的 Save As 对话框，存储在默认保存位置，指定文件的名称为 Sphere，单击 Save(保存)按钮，保存文件。

(2)保存为 Python 格式：选择菜单栏中的 File→Download as(下载文件)命令，显示图 3-23 所示的下载文件类型菜单，这里选择 Python(. py)命令，下载 Sphere. py 文件。

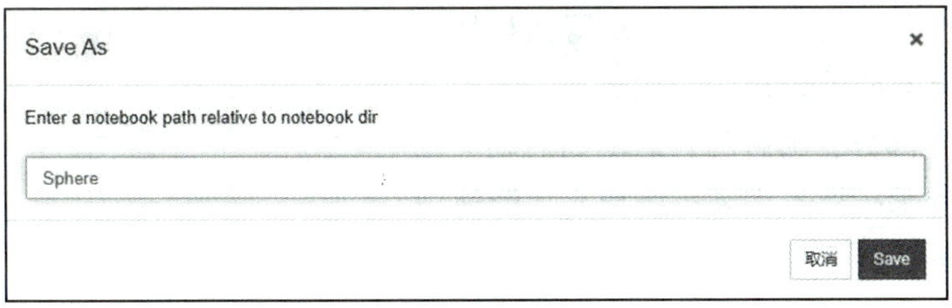

图 3-22　另存文件对话框

图 3-23　下载文件类型菜单

任务评价

评价内容	评价标准	分值	自评	师评
安装 Anaconda	会安装 Anaconda	40		
验证安装结果	会验证安装结果	40		

(续表)

评价内容	评价标准	分值	自评	师评
Jupyter Notebook	会运行 Jupyter Notebook	20		
总分		100		

项 目 小 结

本项目主要介绍了 Python 在数据库操作方面的相关知识。首先介绍了内置数据库支持、第三方数据库、数据库操作基础以及数据库设计与优化等方面的内容，其次介绍了 Anaconda 的安装和 Jupyter Notebook 的基本使用。通过本项目的学习，读者能够掌握 Python 数据库操作的基本技能，为开发高效、安全、可扩展的数据库应用打下坚实基础。

项 目 习 题

一、选择题

1. Python 解释器自带的函数称为(　　)。

A. 标准库函数　　B. 内置函数

C. 第三方库函数　　D. 外部函数

2. 下列哪个内置函数不带参数时，返回当前范围内的变量、方法和定义的类型列表？(　　)

A. abs( )　　B. dir( )　　C. eval( )　　D. help( )

3. 使用 del 函数可以做什么？(　　)

A. 删除文件　　B. 删除变量

C. 退出 Python 解释器　　D. 导入模块

4. Python 标准库与解释器的关系是(　　)。

A. 标准库是解释器的一部分，随解释器启动而启动

B. 标准库是解释器的外部扩展，需要提前导入才能使用

C. 标准库与解释器无关，可以独立使用

D. 标准库只能在特定操作系统上使用

5. 要在 Python 中处理 CSV 文件，应使用哪个模块？(　　)

A. csv　　B. xml. etree. ElementTree

C. json　　D. pickle

6. 要在 Python 中记录日志，应使用哪个模块？(　　)

A. time　　B. logging　　C. calendar　　D. os

7. Python 的哪个第三方库是常用的爬虫库？（　　）

A. requests　　B. scrapy　　C. matplotlib　　D. opencv

8. 用于图形领域工作的 Python 第三方库是？（　　）

A. numpy　　B. pillow　　C. requests　　D. sqlalchemy

9. 要进行图片文字识别（OCR），可以使用 Python 的哪个第三方库？（　　）

A. pytesseract　　B. opencv　　C. numpy　　D. wxpython

二、上机操作题

导入 prettytable 模块。

（1）在“命令提示符”窗口安装 prettytable 模块。

（2）打开 PyCharm，加载 prettytable 模块。

（3）使用 import 导入 prettytable 模块。

项目 4　集成开发环境

项目导读

IDE 是用于提供程序开发环境的应用程序，一般包括代码编辑器、编译器、调试器和图形用户界面等工具。所有具备这一特性的软件或软件套(组)都可以称为集成开发环境，如微软的 Visual Studio 系列，Borland 的 C++ Builder、Delphi 系列等，它们可以独立运行，也可以和其他程序并用。本项目主要介绍集成开发环境的相关知识。

学习目标

◆ 知识目标

- 理解集成开发环境的应用。
- 掌握 Python 集成开发环境。
- 熟悉 PyCharm 的安装与编译环境。

◆ 技能目标

- 熟悉集成开发环境(IDE)的概念、作用和优势，了解 PyCharm 在 Python 开发领域的地位和特点。
- 对 PyCharm 的使用进行持续优化，根据项目需求和个人经验调整配置和快捷键设置，使开发环境更加高效、便捷。

◆ 素质目标

- 了解并遵守编程语言的最佳实践和编码规范，在 IDE 中配置代码格式化工具和静态代码分析工具，确保代码的可读性和可维护性。
- 培养读者具备良好的团队协作精神，能够利用 IDE 的协作功能与团队成员高效沟通，共同推进项目开发。
- 培养读者善于总结经验教训，通过反思和复盘不断提升自己的 IDE 使用技能和编程能力。

◆ 思政目标

- 培养读者的逻辑思维能力和数据分析能力，使读者能够运用所学知识进行数据处理和分析。
- 培养读者的创新意识和创新精神。

任务1　集成开发环境 PyCharm

任务描述

小白的师兄抽出时间检查小白的学习进度，询问小白有什么疑问。小白说每次必须一行行地输入代码，比较麻烦。师兄发现小白还在使用 Python IDLE，立刻帮小白下载了 PyCharm 编辑器，还推荐了几个其他的编辑器，告诉小白可以全部下载并安装，分别进行试用，选择一款最适合自己的编辑器。那么，什么是 IDE？如何安装 PyCharm 编辑器？如何使用 PyCharm 编辑器进行 Python 编程？

任务分析

本任务首先介绍 IDE 的概念，为读者后续学习 PyCharm 的具体操作奠定坚实的理论基础；其次介绍安装 PyCharm，通过安装 PyCharm，读者将熟悉其安装流程，为后续可能遇到的安装问题提供解决方案；最后介绍如何配置 PyCharm，通过合理配置，读者可以根据自己的编程习惯和项目需求，定制 PyCharm 的功能和外观。

任务重点与实施

PyCharm 作为一款针对初学者的 Python 编辑器，配置简单、功能强大，用起来省时且省心。

4.1.1　IDE 概述

IDE 集成了代码编辑、代码生成、界面设计、调试、编译等功能，还融合了建模功能。常见的 IDE 有以下几种。

1. Visual Studio

Visual Studio（简称 VS）是微软公司的开发工具包系列产品。VS 是一个基本完整的开发工具集，包括了整个软件生命周期中所需要的大部分工具，如统一建模语言（UML）工具、代码管控工具、集成开发环境工具等。Visual Studio 产品有 C++、C#和 VB. NET 语言等，可以为 Windows x86、Windows RT 和 Windows 手机系统做开发。

2. Eclipse

Eclipse 是著名的跨平台开源集成开发环境，最初主要用于 Java 语言开发，后来有人通过插件使其作为 C++、Python、PHP 等其他语言的开发工具。Eclipse 本身只是一个框架平台，但是众多插件的支持，使得 Eclipse 拥有较好的灵活性，所以许多软件开发商以 Eclipse 为框架开发自己的 IDE。

3. PyCharm

PyCharm 是由 JetBrains 公司打造的一款 Python IDE。PyCharm 具备一般 Python IDE

的功能，如调试、语法高亮显示、项目管理、代码跳转、智能提示、自动完成、单元测试、版本控制等，还提供了一些很好的功能用于 Django 开发，支持 Google App Engine，还支持 IronPython。

4.1.2 下载和安装 PyCharm

1. 下载软件

打开 PyCharm 的官网下载页面，有以下两个版本可以选择。

(1) Professional(专业版，收费)。

(2) Community(社区版，免费)。

一般情况下，下载社区版即可。在 Community 下面单击 Download 按钮，下载 PyCharm 2021.3 版本 pycharm-community-2021.3.exe 文件，如图 4-1 所示。

2. 安装 PyCharm

(1) 双击 pycharm-community-2021.3.exe 文件，弹出 PyCharm 安装界面，如图 4-2 所示。

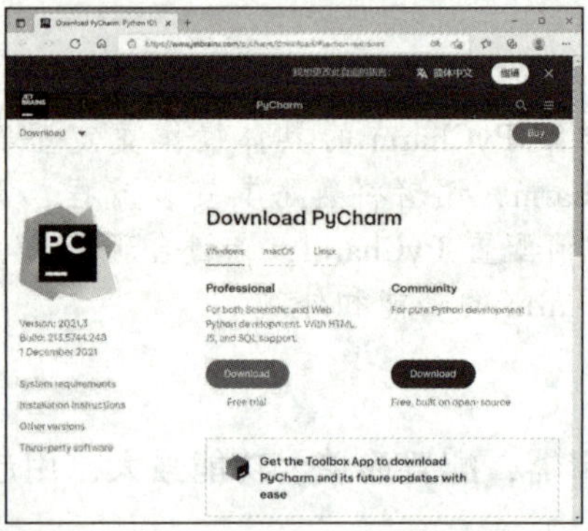

图 4-1 PyCharm 官网下载页面

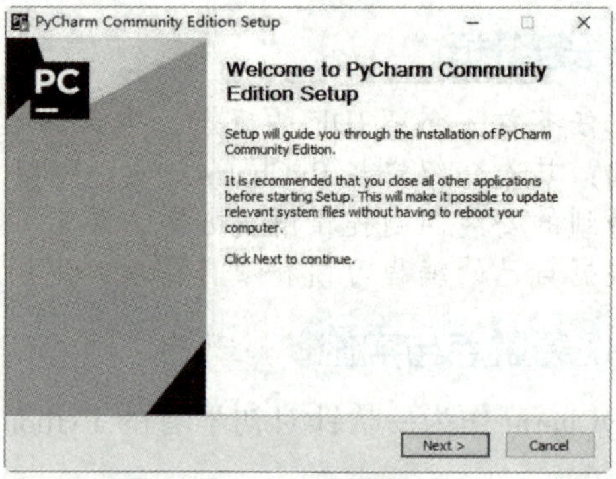

图 4-2 PyCharm 安装界面

(2) 单击 Next 按钮，进入选择安装路径界面，用户需要选择 PyCharm 的安装路径，可以通过单击 Browse 按钮自定义安装路径，如图 4-3 所示。

(3) 单击 Next 按钮，进入安装选项界面，用户需要在此进行一些设置，如图 4-4 所示。

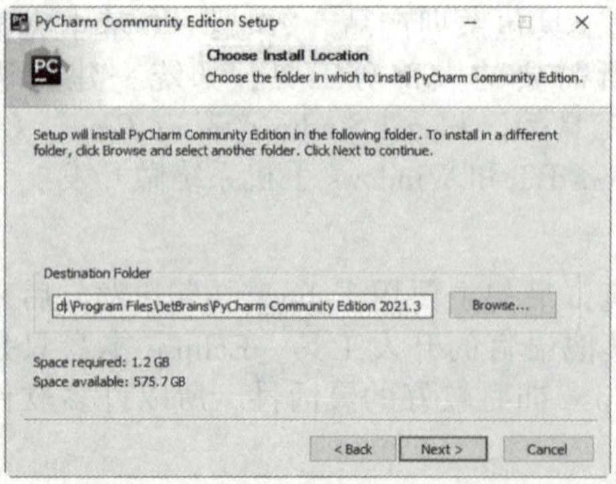

图 4-3 选择安装路径界面

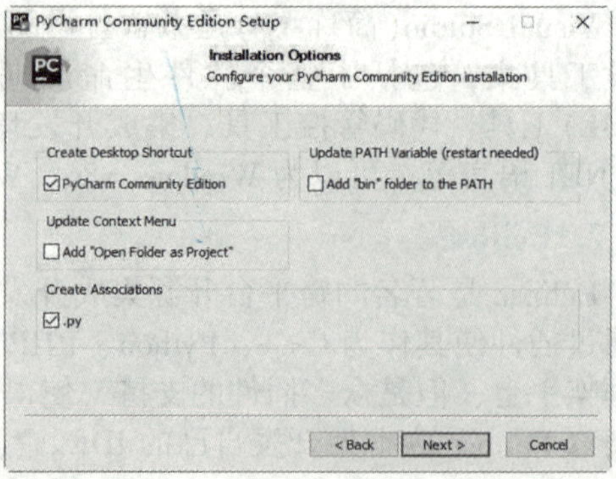

图 4-4 安装选项界面

① PyCharm Community Edition：勾选该复选框，创建桌面快捷方式。

② Add "bin" folder to the PATH：勾选该复选框，将 PyCharm 的启动目录添加到环境变量，执行该操作后，需要重启计算机。

③ Add "Open Folder as Project"：勾选该复选框，添加鼠标右键快捷菜单，使用打开项目的方式打开文件夹。

④ .py：勾选该复选框，以后打开 .py 文件时会用 PyCharm 打开。勾选该复选框后，PyCharm 每次打开的速度会比较慢。

(4) 单击 Next 按钮，进入选择开始菜单文件夹界面，如图 4-5 所示。默认选择 JetBrains，单击 Install 按钮，进入安装界面，如图 4-6 所示，等待安装。

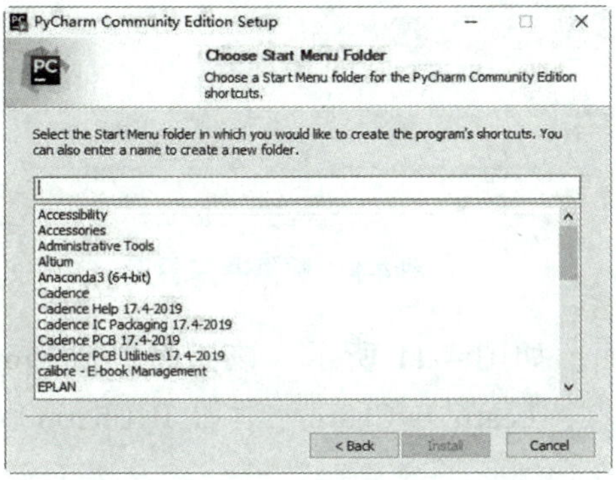

图 4-5　选择开始菜单文件夹界面

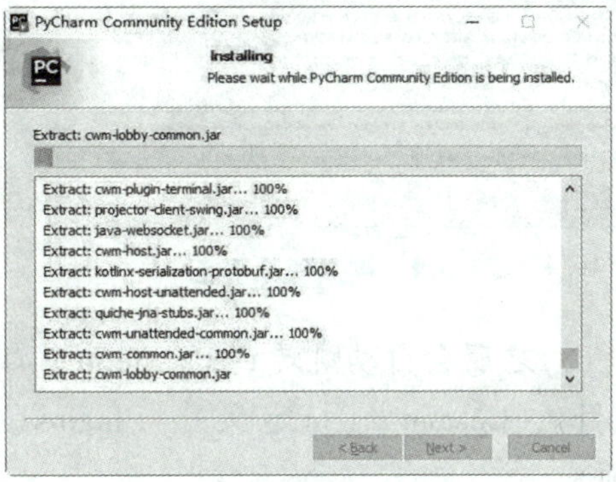

图 4-6　安装界面

(5) 安装结束后会出现安装完成界面，如图 4-7 所示。单击 Finish 按钮即可完成 PyCharm 的安装工作。

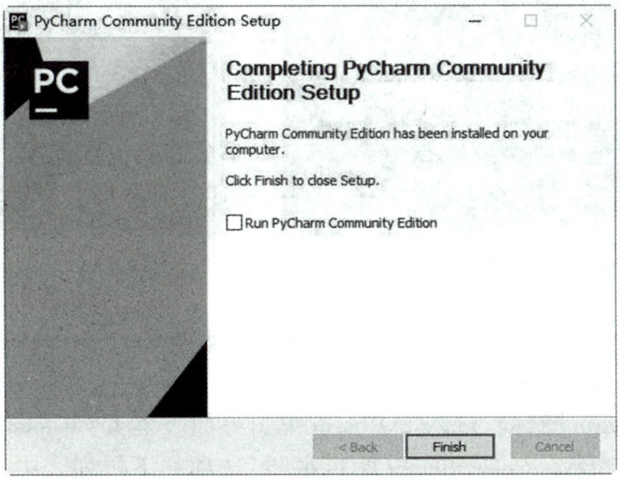

图 4-7　安装完成界面

4.1.3　配置 PyCharm

(1) 双击桌面上的 PyCharm 图标，进入用户协议界面，勾选“I confirm that I have read and accept the terms of this User Agreement”复选框，同意用户使用协议，如图 4-8 所示。

(2)单击 Continue(继续)按钮，进入 DATA SHARING(数据共享)界面，如图 4-9 所示，确定是否进行数据共享，单击 Don't Send 按钮，激活 PyCharm 启动界面，如图 4-10 所示。

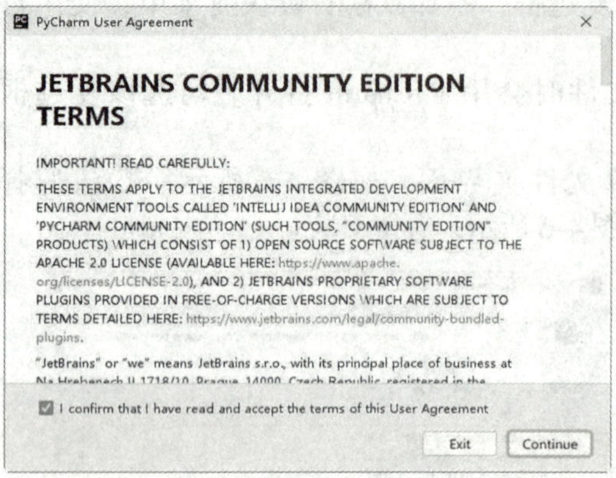

图 4-8　用户协议界面

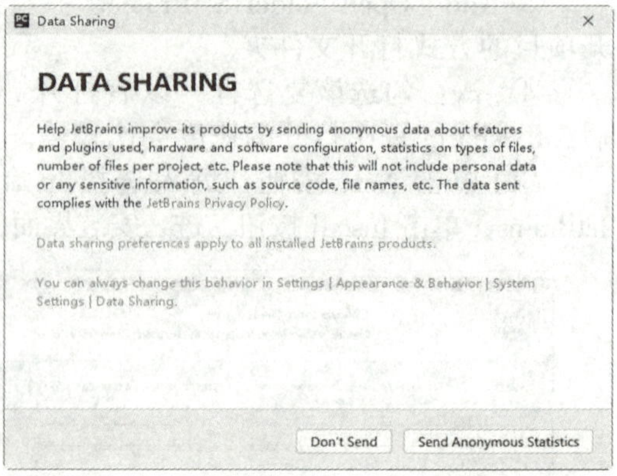

图 4-9　数据共享界面

(3)之后会自动跳转到 PyCharm 编辑界面，如图 4-11 所示。该界面包括 Projects(项目)、Customize(自定义)、Plugins(插件)、Learn PyCharm(学习 PyCharm)4 个选项。

图 4-10　PyCharm 启动界面

图 4-11　PyCharm 编辑界面

实例　更换 IDE 主题

(1)双击 PyCharm 图标，进入 PyCharm 编辑界面。单击 Customize 选项，如图 4-12 所示，设置编辑区参数。Color theme(颜色主题)选项的下拉列表中显示 4 个主题，可根据需要选择 IntelliJ Light(白色主题)选项，自动更新界面颜色，如图 4-13 所示。

扫码
看视频

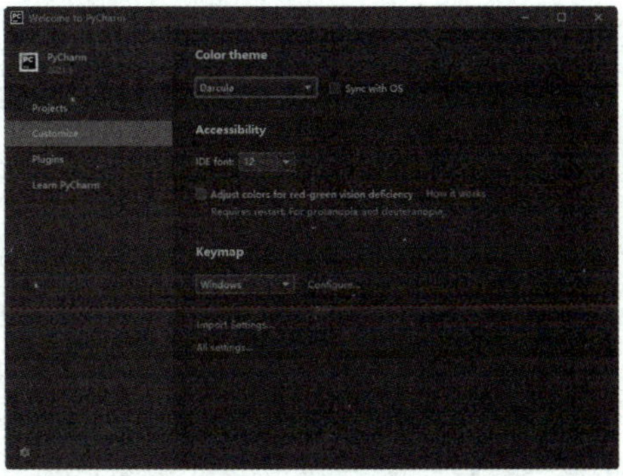

图 4-12　PyCharm 编辑(自定义)界面

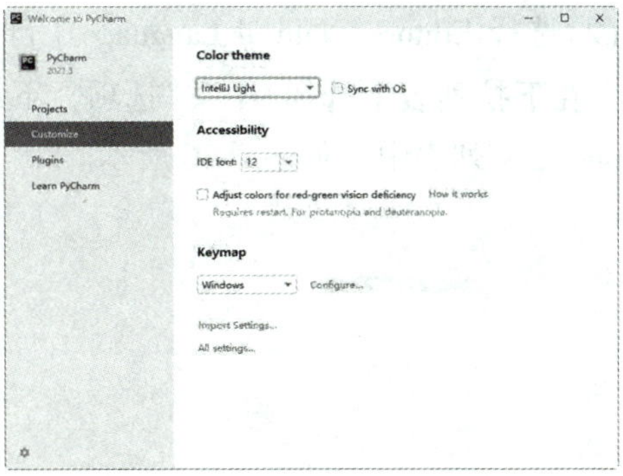

图 4-13　白色主题

① IntelliJ Light：白色主题。

② Windows 10 Light：白色高亮主题。

③ Darcula：黑色主题，默认选择该选项。

④ High Contrast：黑色高对比度主题。

(2)在辅助功能(Accessibility)选项下，IDE 字体(IDE font)默认为 12，在下拉列表中选择 14，增大界面与文字大小。

实例　添加 IDE 编辑器语言

(1)在图 4-13 所示的界面单击 All settings... 选项，弹出设置(Settings)对话框。该对话框中包括外观和行为(Appearance & Behavior)，快捷键(Keymap)，编辑器(Editor)，插件(Plugins)，版本控制(Version Control)，Python 解释器(Python Interpreter)，构建、执行、部署(Build、Execution、Deployment)，语言和框架(Languages & Frameworks)，工具(Tools)，高级设置(Advanced Settings)等选项，如图 4-14 所示。

扫码看视频

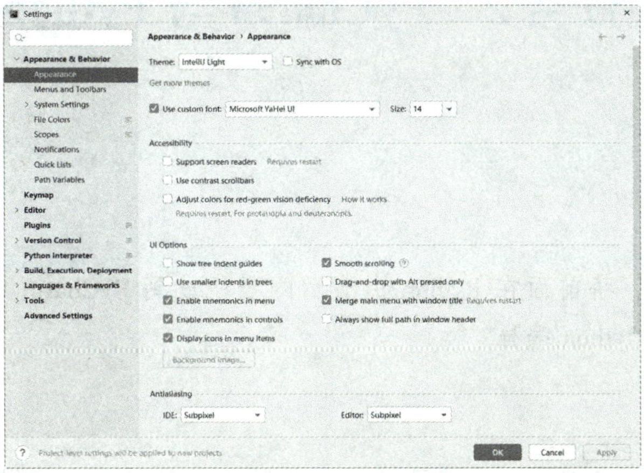

图 4-14　设置对话框

(2)选择 Editor→Natural Languages(自然语言)选项，在右侧的界面中单击 + 下拉按钮，在下拉列表中选择“中文”选项，下载中文，如图 4-15 所示。下载后，自动添加到 Languages 列表中，如图 4-16 所示。

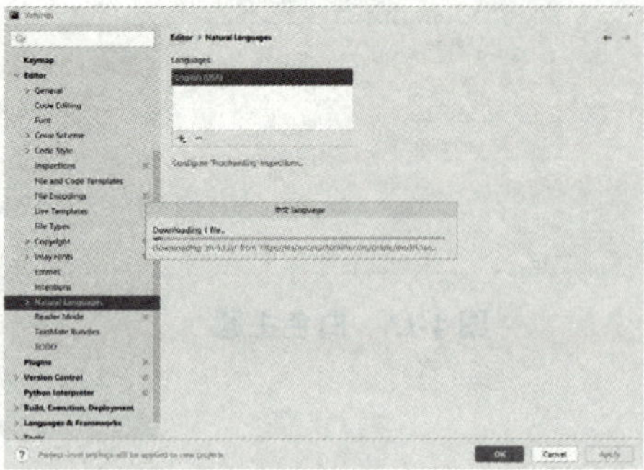

图 4-15　下载中文

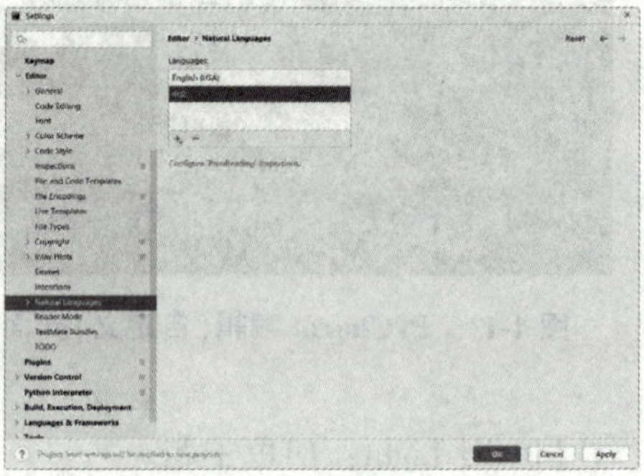

图 4-16　添加语言

任务评价

评价内容	评价标准	分值	自评	师评
IDE 概述	掌握 IDE 的概念	20		
安装 PyCharm	会安装 PyCharm	40		
配置 PyCharm	会配置 PyCharm	40		
	总分	100		

任务 2　PyCharm 与 Python 交互

任务描述

小白回到宿舍，将前面在 Python 中演示的程序放到 PyCharm 中进行演示。那么，PyCharm 怎么进行 Python 编程？

任务分析

本任务首先介绍 PyCharm 配置环境，配置环境是 PyCharm 使用前的必要准备，奠定了编程工作的基石；其次介绍设置 PyCharm，设置 PyCharm 是提升编程体验和效率的关键步骤；再次介绍如何创建 Python 文件，创建 Python 文件是开始编程的第一步；最后介绍 PyCharm 编译环境，利用 PyCharm 的调试工具进行代码调试和错误排查，将大大提高读者的开发效率和代码质量。

任务重点与实施

PyCharm 提供了一个支持编码补全、代码片段、代码折叠和分割窗口的智能、可配置的编辑器，可帮助用户更快、更轻松地完成编码工作。

4.2.1　PyCharm 配置环境

(1) 双击 PyCharm 图标，进入更换主题后的 PyCharm 欢迎界面，如图 4-17 所示。在 Projects 选项界面中单击 New Project(新建项目)按钮，弹出 New Project 对话框。

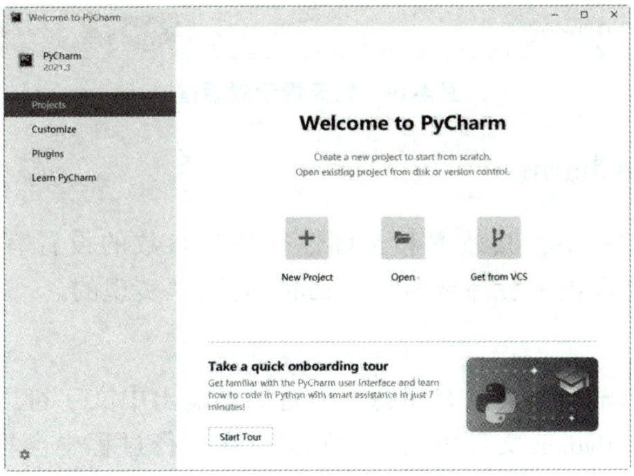

图 4-17　PyCharm 欢迎界面

(2) 在 Location(位置)选项中选择项目的路径与名称；在 New environment using 下拉列表中选择默认使用的 Python 3.10 环境 Virtualenv，在 Location、Base interpreter(基本解释器)选项中设置该环境文件的路径及 Python 程序的路径，如图 4-18 所示。

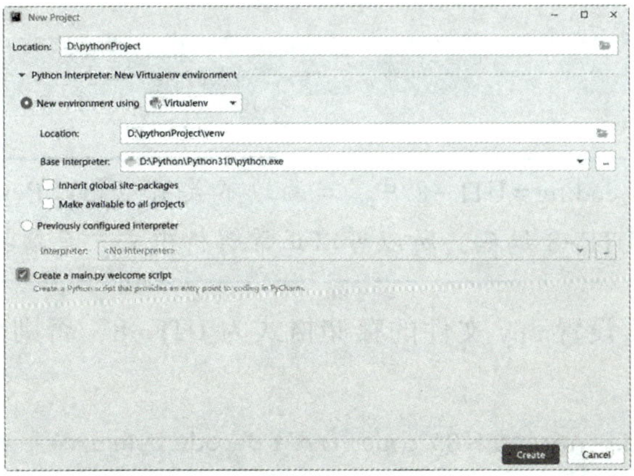

图 4-18　修改路径参数

(3)完成选择后，单击 Create 按钮，弹出 Tip of the Day(每天提示)对话框，如图 4-19 所示。勾选 Don't show tips(不显示提示)复选框，单击 Close 按钮，关闭每天提示对话框，进入 PyCharm 编辑界面。

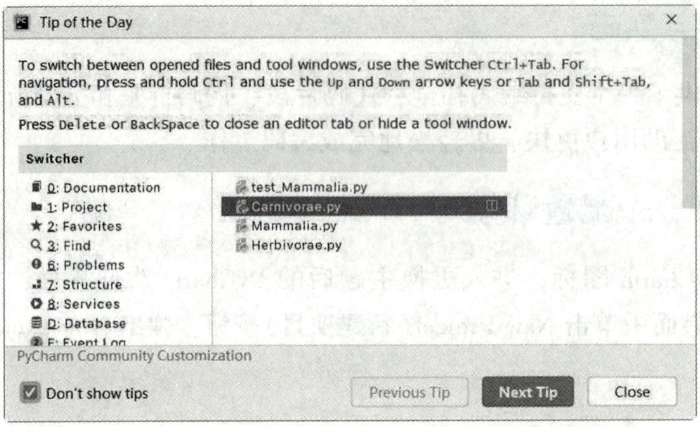

图 4-19　每天提示对话框

4.2.2　设置 PyCharm

在程序的编译过程中，其效率和正确性往往与参数的设置有着密切的关系。在 PyCharm 中，参数的设置一般都是通过 Settings 对话框实现的。

1. 设置编码

在 Python 中运行输出英文没有问题，但是如果输出中文字符，就有可能碰到中文编码问题。如果未在 Python 文件中指定编码器，在执行过程中会报错。Python 中默认的编码格式是 ASCII，在没修改编码格式时无法正确输出中文字符，所以在读取中文字符时会报错。解决方法有以下两种。

(1)在文件开头加入如下信息。

```
# -*- coding: UTF-8 -*-
```

或

```
# coding =UTF-8
```

注意

coding=UTF-8 中，= 两边不要有空格。Python3 源码文件默认使用 UTF-8 编码，所以可以正常解析中文，无须指定 UTF-8 编码。

(2)设置编码器。设置 .py 文件的存储格式为 UTF-8，否则会出现类似以下错误信息。

```
SyntaxError: (unicode error) 'utf-8' codec can't decode byte 0xc4 in position 0:
invalid continuation byte
```

设置存储格式后，自动在文件开头添加如下信息。

```
#-*-coding: utf-8 -*-
```

下面介绍具体的设置方法。

选择 Editor→File Encodings(文件编码)选项，在 Global Encoding(全局编码)、Project Encoding(项目编码)、Default encoding for properties files(默认属性文件编码)下拉列表中均选择 UTF-8 选项，如图 4-20 所示。

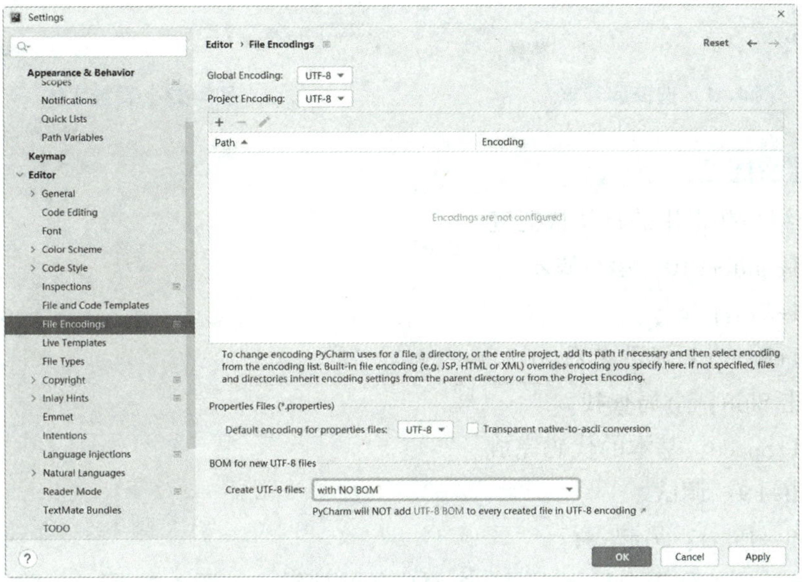

图 4-20　选择编码器

2. 设置解释器

当有多个 Python 版本安装在计算机中，或者需要管理虚拟环境时，Python Interpreter 可提供方便的管理工具。具体设置方法如下。

选择 Project：pythonProject(Python 项目)→Python Interpreter(Python 解释器)选项，如图 4-21 所示。在 Python Interpreter 下拉列表中选择解释器版本，默认为 Python 3.10 (pythonProject)。单击 ⚙ 按钮，添加或显示 Python 环境。中间列表中显示加载的库，单击 + 按钮，加载库文件，单击 — 按钮，卸载库文件。

3. 修改字体

修改字体的设置方法有：选择 Editor→Font 选项，在 Font 下拉列表中选择字体，如图 4-22 所示。另外，还可以在此界面修改文字大小，设置文字是否加粗等。

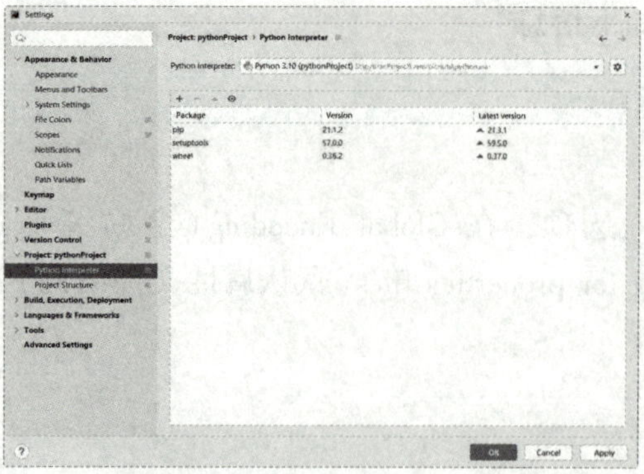

图 4-21　选择解释器

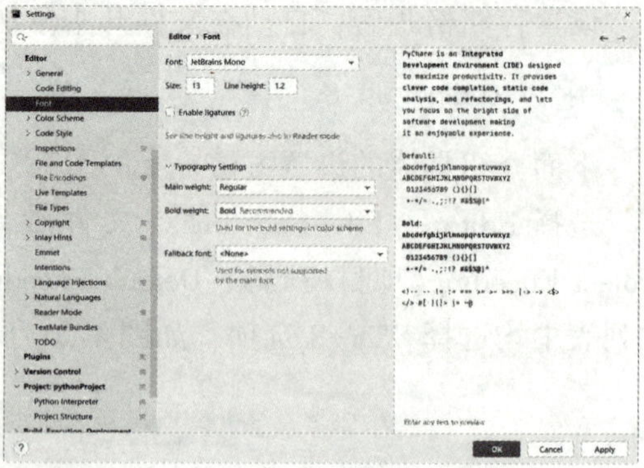

图 4-22　设置字体

4. 设置快捷键

下面介绍一些常用的默认快捷键。

(1) Ctrl+Shift+F10：运行脚本。

(2) Ctrl+/：注释行。

(3) Ctrl+P：查看函数参数。

(4) 双击 Shift：全局查找。

(5) Ctrl+Space：基本的代码完成。

(6) Shift+F9：调试。

(7) Shift +Enter：另起一行。

Keymap 选项的列表中显示不同命令对应的快捷键，如图 4-23 所示。除了上述快捷键，用户还可以根据习惯添加快捷键。单击列表中的按钮，可以编辑快捷键，包括 Add Keyboard Shortcut(添加键盘快捷键)、Add Mouse Shortcut(添加鼠标快捷键)、Add Abbreviation(添加快捷键缩写)。同时，PyCharm 还提供了自定义快捷键的功能。

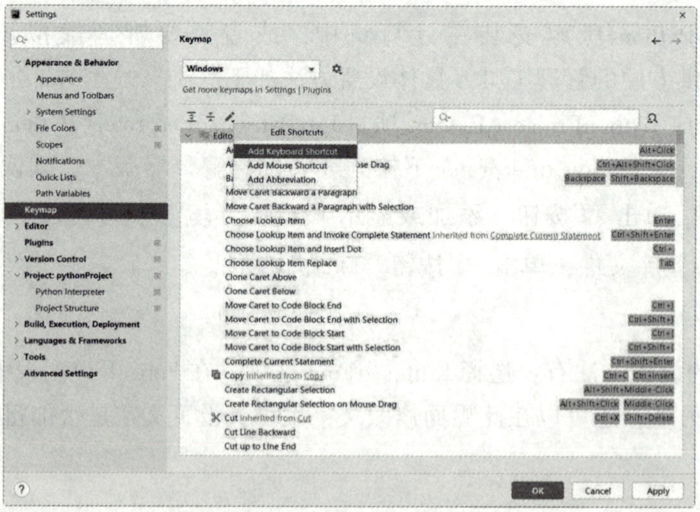

图 4-23　快捷键

选择 Add Keyboard Shortcut 选项，弹出 Keyboard Shortcut 对话框，如图 4-24 所示。激活 Editor Actions 文本框，需要按住要设置的快捷键键位，单击 OK 按钮，完成设置。

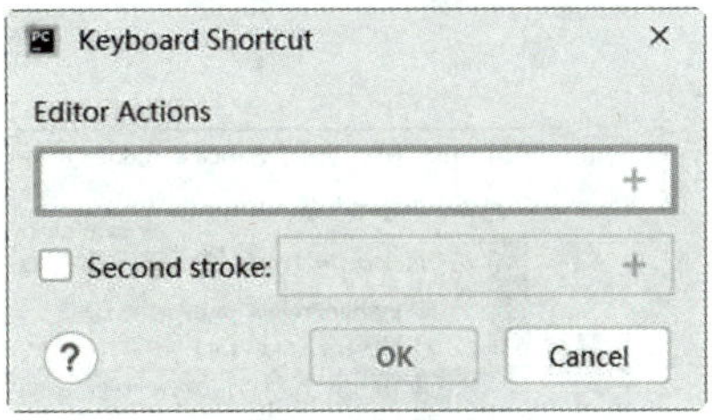

图 4-24　键盘快捷键对话框

4.2.3　创建 Python 文件

进入 PyCharm 项目文件后，需要创建 Python 文件，才可以进入 PyCharm 与 Python 交互代码编译界面。

Python 文件的创建有以下两种方式。

1. 通过菜单创建

(1)选择菜单栏中的 File→New 命令，打开如图 4-25 所示的新建文件类型子菜单。

(2)选择 Python File(Python 文件)命令，弹出 New Python file(新建 Python 文件)对话框。可创建的 Python 文件包含 3 种类型：Python file、Python unit test(Python 单元测试文件)、Python stub(Python 存根文件)。

(3)选择 Python file 选项，输入文件名 Python file 01，如图 4-26 所示，按【Enter】键，进入新建文件 Python file 01. py 的编译环境。

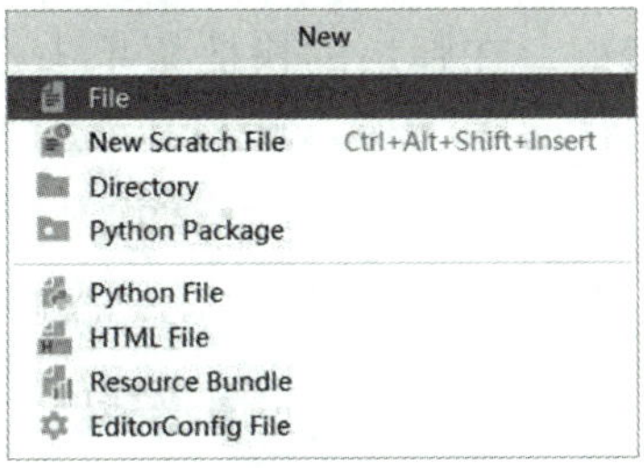

图 4-25　新建文件类型子菜单

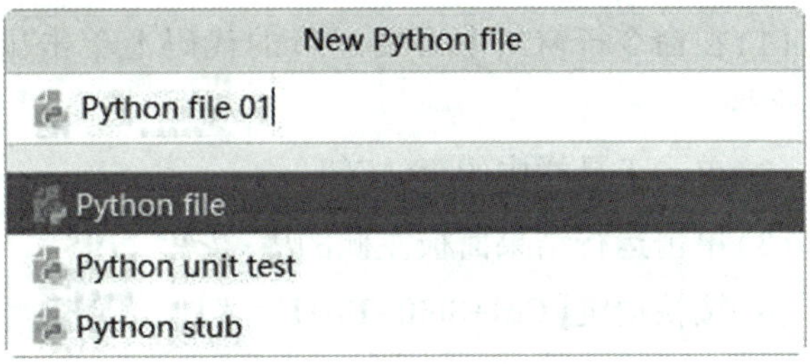

图 4-26　新建 Python 文件对话框

2. 利用右键快捷菜单创建

在项目文件上单击鼠标右键，在弹出的快捷菜单中选择 New→Python File 命令即可。

4.2.4　PyCharm 编译环境

PyCharm 编译环境工作界面如图 4-27 所示，由菜单栏、工具栏、标题栏、命令行窗口、项目(Project)面板、运行结果(Run)面板、状态栏组成。

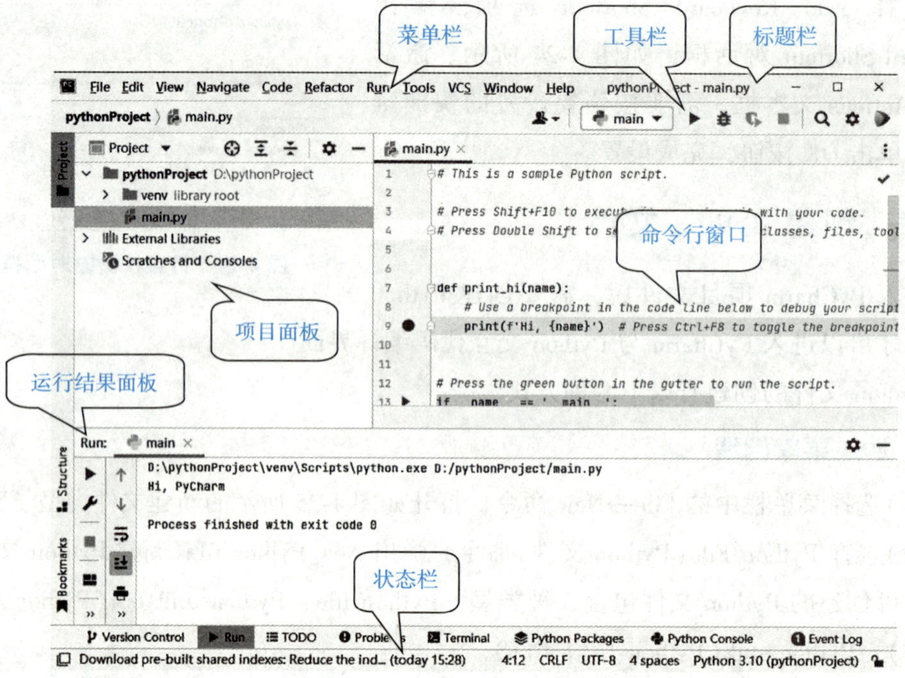

图 4-27　PyCharm 编译环境工作界面

运行 Python 程序有以下 4 种方式。

(1)在命令行窗口中需要运行的代码上单击鼠标右键，在弹出的快捷菜单中选择 Run 命令。

(2)单击工具栏中的 ▶ 按钮。

(3)单击运行结果面板左侧的 ▶ 按钮。

(4)按快捷键【Ctrl+Shift+F10】。

实例　程序运行演示

(1)打开 PyCharm，在 Python file 01. py 的命令行窗口中输入如下程序。

```
print('PyCharm')
```

扫码看视频

(2)按快捷键【Ctrl+Shift+F10】，运行结果面板中显示运行结果，如图 4-28 所示。

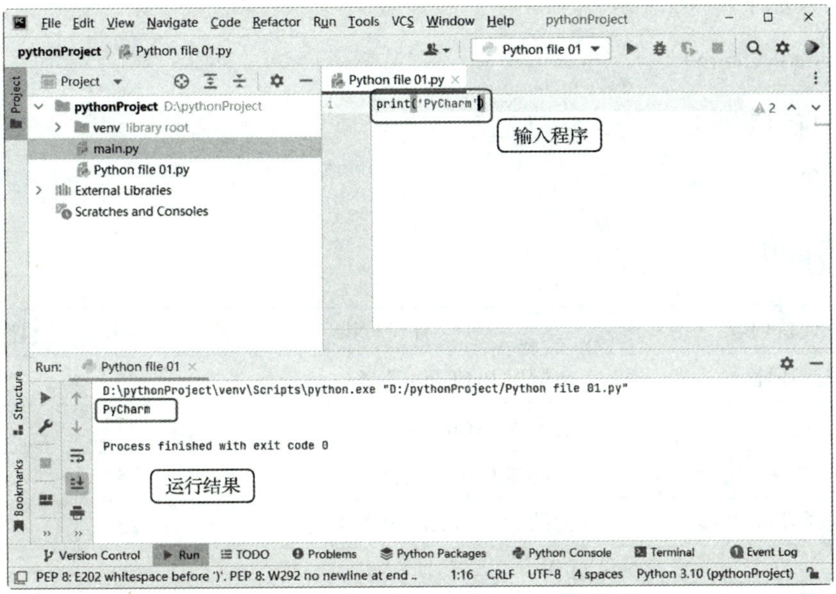

图 4-28　运行程序

（3）选择菜单栏中的 Tools（工具）→Python or Debug Console（Python 或调试控制器）命令，在 PyCharm 中打开 Python Console（Python 控制器）窗口，在运行结果面板中显示命令提示符>>>，如图 4-29 所示。

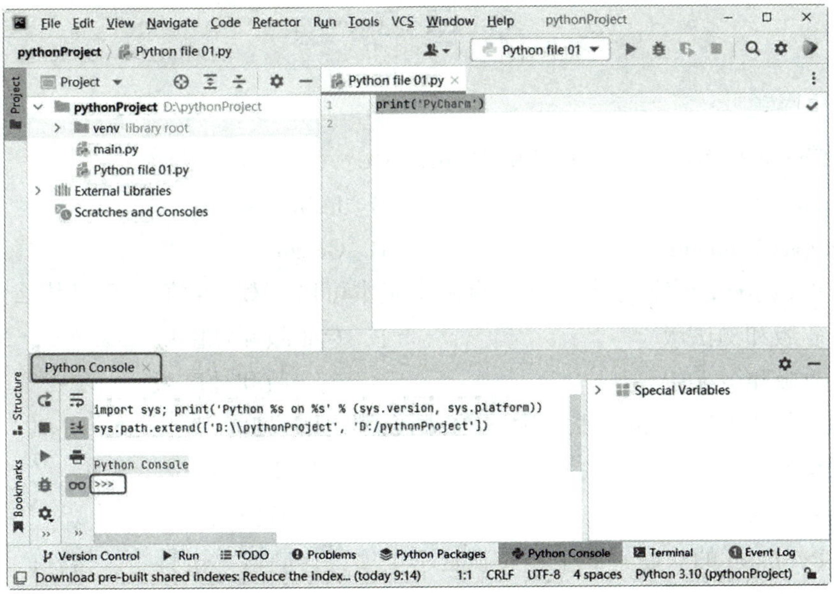

图 4-29　Python 控制器

(4)输入如下程序。

```
>>>print('PyCharm')
```

(5)运行结果如下。

```
PyCharm
```

任务评价

评价内容	评价标准	分值	自评	师评
PyCharm 配置环境	会配置 PyCharm 环境	25		
设置 PyCharm	会设置 PyCharm	25		
创建 Python 文件	会创建 Python 文件	25		
PyCharm 编译环境	会设置 PyCharm 编译环境	25		
总分		100		

项 目 小 结

本项目主要介绍了集成开发环境(IDE)的相关知识。首先介绍了 PyCharm 的安装与配置；其次介绍了使用 PyCharm 创建 Python 文件。通过本项目的学习，读者能够掌握主流 IDE 的使用技巧，提升编程效率和代码质量，为后续的项目开发打下坚实的基础。

项 目 习 题

一、选择题

1. PyCharm 是由哪家公司打造的 Python IDE？(　　)

A. Microsoft　　B. JetBrains

C. Eclipse Foundation　　D. Google

2. 在 PyCharm 的官网下载页面，有两个版本可供下载，它们分别是什么？(　　)

A. 专业版和测试版　　B. 专业版和社区版

C. 企业版和个人版　　D. 企业版和社区版

3. 在首次启动 PyCharm 时，用户需要同意哪个协议？(　　)

A. 隐私政策　　B. 用户使用协议

C. 服务条款　　D. 开发者协议

4. 在 PyCharm 的欢迎界面中，要新建一个项目，应该单击哪个按钮？(　　)

A. Open　　B. New Project

C. Continue　　D. Import Project

5. 在 PyCharm 中，要进入与 Python 交互的代码编译界面，首先需要做什么？（ ）

A. 打开现有的 Python 文件 B. 创建一个新的 Python 项目

C. 创建一个新的 Python 文件 D. 配置 Python 解释器

6. 在 PyCharm 中，以下哪个快捷键是运行脚本？（ ）

A. Ctrl+Shift+F9 B. Shift+F9

C. Ctrl+Shift+F10 D. Shift+F10

7. PyCharm 编译环境工作界面不包括以下哪个部分？（ ）

A. 标题栏 B. 菜单栏

C. 导航栏 D. 项目面板

二、上机操作题

1. 输出机械故障员工需求量矩阵。

在 Python 控制器窗口输入程序，输出某年度的机械故障员工需求量矩阵，结果如图 4-30 所示。

(1) 进入 PyCharm。

(2) 在 PyCharm 中编制机械故障员工需求量矩阵程序。

(3) 运行程序。

(4) 在 Python 控制器窗口输入上面的程序。

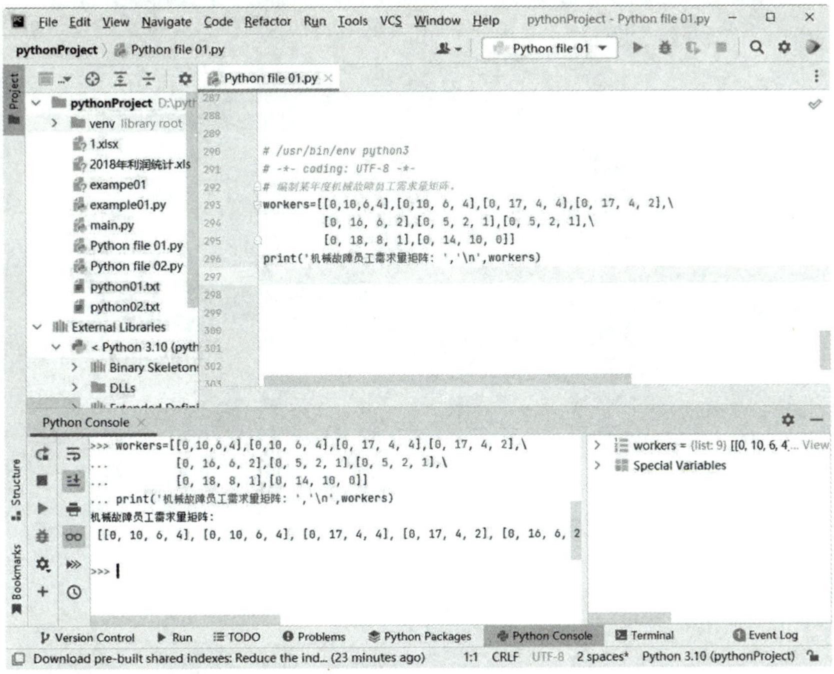

图 4-30 运行结果

2. 定义客户信息。

本实战输出以下客户信息。

```
姓名:Candy
年龄:35
积分:3260
是否会员:true
```

(1)定义字符串类型、整型、浮点型和布尔型变量，初始化客户信息。

(2)使用 print 函数输出客户信息。

(3)运行程序。

项目 5　Python 数值数据

项目导读

Python 主要由数值、符号与函数 3 部分组成，这 3 种不同的组成部分可单独运行也可组合运行，在 Python 中根据不同的操作实现数值计算、符号计算和图形处理。本项目主要介绍 Python 数值数据的相关知识。

学习目标

◆ 知识目标

- 了解 Python 中的数据类型，掌握数值类型。
- 能够进行数值类型定义与基本运算。
- 掌握自定义函数的创建与应用。

◆ 技术目标

- 能够清晰区分不同数据类型在内存占用和计算性能上的差异，在编写代码时考虑这些因素以优化程序性能。
- 理解运算符的优先级和结合性规则，能够正确处理包含多个运算符的表达式，避免因运算符优先级问题导致的计算错误。
- 熟悉 Python 标准库中常用的数学函数，如三角函数，能够根据实际问题选择合适的数学函数进行数值计算。

◆ 素质目标

- 通过学习 Python 数值数据的相关知识，培养读者运用所学知识解决实际问题。
- 在编程过程中，要遵循严格的逻辑顺序进行数值的运算、转换和比较等操作，培养读者严谨的逻辑思维习惯，提高思维的准确性和条理性。
- 通过对数值数据的创造性运用，激发读者的创新意识，培养读者在编程领域的创新能力。

◆ 思政目标

- 在数据可视化项目中融入社会热点，国家政策等元素，引导读者关注社会。
- 引导读者坚守道德底线，树立和增强思想修养意识。

任务 1　Python 数据类型

任务描述

小白听学习 Java 的舍友与学习 C 的舍友讨论编程语言的数据类型，发现与 Python 的数据类型有很多相似之处，只在细微处略有不同。那么，Python 的数据类型有哪些？在 Python 中如何创建不同类型的数据？

任务分析

本任务首先介绍 Python 中的数值类型，帮助读者了解 Python 中不同数值类型的特点和用途，为后续的数值计算和数据处理奠定基础；其次介绍 Python 中的数值类型转换，掌握转换技能可以提高程序的灵活性和适应性。

任务重点与实施

数据类型一般指数据元类型。数据元又称数据元素，是用一组属性描述其定义、标识、表示和允许值的数据单元，在一定语境下，通常用于构建一个独立且无歧义的有特定概念语义的信息单元。

按照数据的结构进行分类，Python 中的数据主要包括数值(number)、字符串(string)、列表(list)、元组(tuple)、集合(sets)、字典(dictionary)。

5.1.1　数值类型

数值是数学中常见的数据，是 Python 程序设计的基础。在程序设计中，可根据不同的需求，定义对应的数值类型，也可对指定的数值类型进行转换。Python 支持以下 4 种不同的数值类型。

(1) int：整型。

(2) float：浮点型。

(3) complex：复数型。

(4) bool：布尔型。

1. 整型

有符号整型数据(int)属于整型数据的一种，占 4 字节。在 Python 中，可以使用多种进制形式来表示整数。

(1)十进制形式。平时常见的整数就是十进制形式的，它由 0 ~ 9 共 10 个数字排列组合而成。使用十进制形式的整数不能以 0 开头，除非这个数值本身就是 0。

(2)二进制形式。二进制整数由 0 和 1 两个数字组成，书写时以 0b 或 0B 开头。例如，101 对应的十进制数是 5。

(3)八进制形式。八进制整数由 0 ~ 7 共 8 个数字组成，以 0o 或 0O 开头。注意：第一个符号是数字 0，第二个符号是小写或大写的字母 O。

(4)十六进制形式。十六进制整数由 0 ~ 9 共 10 个数字及 a ~ f(或 A ~ F)共 6 个字母组成，书写时以 0x 或 0X 开头。

注意

为了提高数字的可读性，Python 允许使用下划线(_)作为数字(包括整数和小数)的分隔符。通常每隔 3 个数字添加一个下划线，类似于数字中的逗号。下划线不会影响数字本身的值。

实例　创建整数

Python 程序如下。

```
>>> size =300_1
>>> size
3001
```

扫码看视频

2. 浮点型

浮点型数据只采用十进制，有两种形式：十进制形式和指数形式。

(1)十进制形式：由数字 0 ~ 9 和小数点组成，如 0. 0、. 25、5. 789、0. 13、5. 0、300. 、-267. 8230。

(2)指数形式：由十进制数和阶码标志 e 或 E 以及阶码(只能为整数，可以带符号)组成。

浮点型一般形式如下。

```
a E n
```

a 为十进制数，n 为十进制整数，表示的值为 $a\times10^{n}$。例如，2. 1E5 表示 2.1×10^{5}，3. 7E-2 表示 3.7×10^{-2}，0. 5E7 表示 0.5×10^{7}，-2. 8E-2 表示 -2.8×10^{-2}。

浮点型变量还可分为两类：单精度型(float)和双精度型(double)。

(1)单精度型(float)：占 4 字节(32 位)内存空间，其数值范围为 -3. 4E38 ~ 3. 4E38，可提供 7 位有效数字。

(2)双精度型(double)：占 8 字节(64 位)内存空间，其数值范围为 -1. 7E308 ~ 1. 7E308，可提供 16 位有效数字。

3. 复数型

复数型是指把形如 $z=a+bi$ (a 和 b 均为实数)的数称为复数，其中 a 称为实部，b 称为虚部，i 称为虚数单位。

当 z 的虚部等于零时，这个复数可以视为实数；当虚部不等于零、实部等于零时，常称 z 为纯虚数。

在 Python 中，complex 函数用来创建复数。其调用格式如下。

```
complex(real [,imag])
```

实例 创建复数

Python 程序如下。

```
>>> complex(1,2)
(1+2j)
>>> complex(0,2)
2j
```

扫码
看视频

复数的四则运算法则如下。

(1)加法法则：$(a+bi)+(c+di)=(a+c)+(b+d)i$。

(2)减法法则：$(a+bi)-(c+di)=(a-c)+(b-d)i$。

(3)乘法法则：$(a+bi)\times(c+di)=(ac-bd)+(bc+ad)i$。

(4)除法法则：$(a+bi)\div(c+di)=[(ac+bd)\div(c^2+d^2)]+[(bc-ad)\div(c^2+d^2)]i$。

4. 布尔型

当某个值只有两种状态时，可以将其声明为布尔型，如用户等级是否为 VIP、当前日期是否为工作日等。

布尔型数据使用关键字 bool 表示，它只有两个值，即 True 和 False(默认值)，常用于条件判断语句中。

5.1.2 数值类型转换

一般而言，数值在 Python 中有多种显示形式。在默认情况下，若数据为整数，就以整数表示；若数据为实数，则以保留小数点后 1 位的精度近似表示。

在 Python 中，type 函数用于显示数据类型。其调用格式如下。其中，x 可以是任何类型的数据变量。

```
type(x)
```

进行数值类型转换时，只需要将数值类型作为函数名即可。部分内置的函数可以执行数值类型之间的转换，如表 5-1 所示。

表 5-1　数值类型转换函数

调用格式	说明
int(x [, base])	将 x 转换为一个整数
float(x)	将 x 转换为一个浮点数
bin(x)	返回一个整数(int)或长整数(long int)的二进制表示数
hex(x)	将一个整数转换为一个十六进制字符串
oct(x)	将一个整数转换为一个八进制字符串
bool(x)	将给定参数转换为布尔型。参数不为 0 或不为空，返回 True；参数为 0 或没有参数，返回 False

实例　控制数值显示格式

Python 程序如下。

```
>>> import math          #导入数学函数模块
>>> x = math. pi         #定义 pi
>>> type(x)              #显示 pi 的数据类型,默认为浮点型
<class 'float'>
#将数学函数模块中 pi 的格式设置为无符号整型
>>> int(x)
3
#将数学函数模块中 pi 的格式设置为浮点型
>>> float(x)
3. 141592653589793
>>> bin(int(x))          #将整数 x 转换为一个整数或长整数的二进制
表示数
'0b11'
>>> hex(int(x))          #将一个整数转换为一个十六进制字符串
'0x3'
>>>oct(int(x))           # 将一个整数转换为一个八进制字符串
'0o3'
```

扫码
看视频

任务评价

评价内容	评价标准	分值	自评	师评
数值类型	掌握 Python 中的数值类型	50		
数值类型转换	掌握数值类型转换函数	50		
	总分	100		

任务 2 Python 运算符

任务描述

小白的表弟学习粗心马虎，因此家人为他买了一些数学题卡，让他每天写 20 页。小白这天来做客，想使用这些题卡练习 Python 计算。那么，Python 的运算符有哪些？分别能实现什么功能？

任务分析

本任务主要介绍 Python 运算符，包括算数运算符、赋值运算符、关系运算符、逻辑运算符、位运算符、成员运算符、身份运算符和运算符优先级等内容。合理使用运算符可以使代码更加简洁、清晰，提高代码的可读性。

任务重点与实施

Python 提供了丰富的运算符，如算术运算符、赋值运算符、关系(比较)运算符、逻辑运算符、位运算符、成员运算符和身份运算符。本任务主要介绍各种运算符的功能。

5.2.1 算术运算符

Python 的算术运算符如表 5-2 所示。

表 5-2 算术运算符

运算符	说明
+	算术加
-	算术减
*	算术乘
/	算术除
%	取模
* *	幂次方
//	取整除

实例　计算 18÷7+15×6−8 的值

Python 程序如下。

```
>>> a = 18/7+15* 6-8
>>> int(a)                    #以整数形式输出结果
84
>>> float(a)                  #以浮点数形式输出结果
84. 57142857142857
```

扫码
看视频

5. 2. 2　赋值运算符

Python 的赋值运算符如表 5-3 所示。

表 5-3　赋值运算符

运算符	说明
=	简单赋值：c=a+b 表示将 a+b 的运算结果赋值为 c
+=	加法赋值：c+=a 等效于 c=c+a
-=	减法赋值：c-=a 等效于 c=c-a
*=	乘法赋值：c*=a 等效于 c=c*a
/=	除法赋值：c/=a 等效于 c=c/a
%=	取模赋值：c%=a 等效于 c=c%a
**=	幂赋值：c**=a 等效于 c=c**a
//=	取整除赋值：c//=a 等效于 c=c//a

5. 2. 3　关系运算符

关系运算符主要用于对矩阵与数、矩阵与矩阵进行比较，返回值表示二者的关系，True、False 分别表示不满足和满足指定关系。

Python 的关系运算符如表 5-4 所示。

表 5-4　关系运算符

运算符	说明
==	等于
!=	不等于
>	大于
>=	大于等于
<	小于
<=	小于等于

实例 关系运算符的应用

Python 程序如下。

```
>>> 2 >2
False
>>> 2 <2
False
>>> 1 = =1
True
```

扫码看视频

5.2.4 逻辑运算符

Python 进行逻辑判断时，所有非零数值均被认为真，而零被认为假。在逻辑判断结果中，判断为真时输出 True，判断为假时输出 False。

Python 的逻辑运算符如表 5-5 所示。

表 5-5 逻辑运算符

运算符	说明
and	逻辑与：如果 x 为 False，则 x and y 返回 False，否则返回 y 的计算值
or	逻辑或：如果 x 是非零值，则返回 x 的计算值，否则返回 y 的计算值
not	逻辑非：如果 x 为 True，则返回 False；如果 x 为 False，返回 True

5.2.5 位运算符

Python 的位运算符如表 5-6 所示。

表 5-6 位运算符

运算符	说明
&	按位与：如果参与运算的两个值的相应二进制位都为 1，则该位的结果为 1，否则为 0
|	按位或：只要对应的两个二进制位有一个为 1，结果为 1
^	按位异或：当对应的两个二进制位相异时，结果为 1
~	按位取反：对每个二进制位取反，即把 1 变为 0，把 0 变为 1
<<	左移：把<<左边的运算数的各二进制位全部左移若干位，<<右边的数指定移动的位数，高位丢弃，低位补 0
>>	右移：把>>左边的运算数的各二进制位全部右移若干位，>>右边的数指定移动的位数

5.2.6　成员运算符

除了以上运算符外，Python 还支持成员运算符，测试实例中包含了一系列成员，如字符串、列表或元组。

Python 的成员运算符如表 5-7 所示。

表 5-7　成员运算符

运算符	说明
in	如果在指定的序列中找到值，返回 True，否则返回 False。如 x 在 y 序列中，则 x in y 返回 True
not in	如果在指定的序列中没有找到值，返回 True，否则返回 False。如 x 不在 y 序列中，则 x not in y 返回 True

5.2.7　身份运算符

Python 的身份运算符如表 5-8 所示。

表 5-8　身份运算符

运算符	说明
is	判断两个标识符是否引用自一个对象：x is y，类似于 id(x) = = id(y)。如果引用自同一个对象，则返回 True，否则返回 False
is not	判断两个标识符是否引用自不同对象：x is not y，类似于 id(a) ！ = id(b)。如果引用自不同对象，则返回 True，否则返回 False

5.2.8　运算符优先级

表 5-9 列出了从高到低排序的运算符优先级。

表 5-9　运算符优先级

运算符	说明
* *	幂次方优先级最高
~ 、+、-	正号和负号的方法名为+@ 和-@
* 、/、%、//	—
+、-	—
>>、<<	—
&	—
^、|	—
<=、<、>、>=	—

(续表)

运算符	说明
= =、! =	—
=、+=、-=、*=、/=、%=、**=、//=	—
is、is not	—
in、not in	—
and、or、not	—

任务评价

评价内容	评价标准	分值	自评	师评
算术运算符	掌握 Python 的算术运算符	12		
赋值运算符	掌握 Python 的赋值运算符	12		
关系运算符	掌握 Python 的关系运算符	12		
逻辑运算符	掌握 Python 的逻辑运算符	12		
位运算符	掌握 Python 的位运算符	12		
成员运算符	掌握 Python 的成员运算符	12		
身份运算符	掌握 Python 的身份运算符	12		
运算符优先级	掌握运算符优先级	16		
总分		100		

任务 3　数学函数运算

任务描述

小白告诉表弟，用 Python 不仅能计算数学题卡上的题，还能借助 Python 的函数计算奥数题。那么，Python 的函数有哪些？分别有哪些应用？

任务分析

本任务首先介绍基本数学函数，掌握基本数学函数，能够让读者在数据处理过程中快速进行数值计算，从而得出有意义的统计结果和分析结论；其次介绍逻辑判断函数，掌握逻辑判断函数，能够让读者在数据处理过程中根据特定条件进行筛选、验证，从而确保数据的准确性和可靠性；最后介绍日期和时间函数，掌握日期和时间函数，能够让读者在数据处理过程中轻松处理日期和时间数据，从而进行时间序列分析、事件监控等高级数据分析任务。

任务重点与实施

数字与字符是数学运算中的基本组成部分，而作为可以解决大部分数学问题的计算机软件 Python，其使用的语言也由数字与字符组成。Python 的每个模块可以包含多个函数，模块中的函数可以通过 import 函数导入。

5.3.1　基本数学函数

Python 中，进行数学运算常用的函数基本都在 math 模块和 cmath 模块中。math 模块包含了许多用于浮点数运算的函数，cmath 模块包含了一些用于复数运算的函数。

实例　查看数学函数模块 math 中的内容

查看数学函数模块 math 中的内容。

扫码看视频

(1) Python 程序如下。

```
>>> import math          #导入数学函数模块
>>> dir(math)            #显示数学函数模块中的函数
['__doc__', '__loader__', '__name__', '__package__', '__spec__', 'acos', 'acosh', 'asin', 'asinh', 'atan', 'atan2', 'atanh', 'ceil', 'comb', 'copysign', 'cos', 'cosh', 'degrees', 'dist', 'e', 'erf', 'erfc', 'exp', 'expm1', 'fabs', 'factorial', 'floor', 'fmod', 'frexp', 'fsum', 'gamma', 'gcd', 'hypot', 'inf', 'isclose', 'isfinite', 'isinf', 'isnan', 'isqrt', 'lcm', 'ldexp', 'lgamma', 'log', 'log10', 'log1p', 'log2', 'modf', 'nan', 'nextafter', 'perm', 'pi', 'pow', 'prod', 'radians', 'remainder', 'sin', 'sinh', 'sqrt', 'tan', 'tanh', 'tau', 'trunc', 'ulp']
```

(2) 导入模块的函数需要使用小黑点(.)表示。其调用格式如下。

```
>>> import math
>>> sin(1)               #函数错误调用格式
Traceback (most recent call last):
  File "<pyshell#1>", line 1, in <module>
sin(1)
NameError: name 'sin' is not defined. Did you mean: 'bin'?
>>>math. sin(1)          # 函数正确调用格式
0. 8414709848078965
```

cmath 模块的函数与 math 模块的函数基本一致，只不过 cmath 模块运算的是复数，math 模块运算的是实数。

实例 查看复数的数学函数模块 cmath 中的内容

Python 程序如下。

扫码看视频

```
>>> import cmath
>>> dir(cmath)
['__doc__', '__loader__', '__name__', '__package__', '__spec__', 'acos', 'acosh', 'asin', 'asinh', 'atan', 'atanh', 'cos', 'cosh', 'e', 'exp', 'inf', 'infj', 'isclose', 'isfinite', 'isinf', 'isnan', 'log', 'log10', 'nan', 'nanj', 'phase', 'pi', 'polar', 'rect', 'sin', 'sinh', 'sqrt', 'tan', 'tanh', 'tau']
```

Python 常用的三角函数及角度转换函数如表 5-10 所示。

表 5-10 常用的三角函数及角度转换函数

函数	说明
sin(x)	返回 x 弧度的正弦值
cos(x)	返回 x 弧度的余弦值
tan(x)	返回 x 弧度的正切值
asin(x)	返回 x 弧度的反正弦值
acos(x)	返回 x 弧度的反余弦值
atan(x)	返回 x 弧度的反正切值
atan2(y, x)	返回给定的 x、y 坐标值的反正切值
hypot(x, y)	返回欧几里得范数 sqrt(x * x + y * y)
degrees(x)	将弧度转换为角度，如 degrees(math. pi/2)返回 90. 0
radians(x)	将角度转换为弧度

Python 常用的数学运算函数如表 5-11 所示。

表 5-11 常用的数学运算函数

函数	说明
ceil(x)	返回数字的上入整数
exp(x)	返回 e 的 x 次幂(e^x)
fabs(x)	返回数字的绝对值
floor(x)	返回数字的下舍整数
log(x)	返回以 e 为基数 x 的对数
log10(x)	返回以 10 为基数 x 的对数
max(x1, x2, ...)	返回给定参数的最大值，参数可以为序列
min(x1, x2, ...)	返回给定参数的最小值，参数可以为序列

（续表）

函数	说明
modf(x)	返回 x 的整数部分与小数部分，两个部分的数值符号与 x 相同，整数部分以浮点数表示
pow(x, y)	返回 x 的 y 次幂
round(x [, n])	返回浮点数 x 的四舍五入值，如给出 n 值，则 n 代表舍入到小数点后的位数
sqrt(x)	返回数字 x 的平方根
divmod (x, y)	采用两个参数值 x，y，并返回由它们的商和余数组成的一对数字(元组)

实例　数学运算函数的应用

Python 程序如下。

```
>>> import cmath
>>> math. exp(1)
2. 718281828459045
>>> math. fabs(-10)
10. 0
>>> math. floor(4. 9)
4
>>> math. log(math. e)
1. 0
>>> math. log(100,10)
2. 0
>>> math. log10(100)
2. 0
```

扫码看视频

实例　计算 y=1/[x2+(x−1)5]在 x=20 处的函数值

Python 程序如下。

```
>>> x = 20      #定义 x 的值
>>>y1 = 1/((x)** 2+(x-1)** 5)      #利用运算符输入表达式
>>> y1
4. 037958424372471e-07
>>> y2 = 1/(pow(x,2)+pow((x-1),5))      #利用函数输入表达式
#比较 y1、y2 的值是否相等,结果为真表示相等,否则表示不相等
>>>y1 = =y2
True
```

扫码看视频

5.3.2 逻辑判断函数

Python 的逻辑判断函数如表 5-12 所示。

表 5-12 逻辑判断函数

函数	说明
all(iterable)	(1) 集合中的元素都为 True 即返回 True; (2) 若为空串则返回 True
any(iterable)	(1) 集合中的元素有一个为 True 即返回 True; (2) 若为空串则返回 False
cmp(x, y)	x < y 返回负数, x == y 返回 0, x > y 返回正数

5.3.3 日期和时间函数

Python 将日期和时间独立成了一个数据类型，日期和时间数据处理功能较为强大，支持对日期和时间的高效计算、对比、格式化显示。

1. 获取日期函数

在 Python 中，datetime 模块中的函数用来定义基本日期和时间，根据系统时间计算和获取当前日期和时间。

为提高日期和时间的显示精度，Python 提供特定的日期和时间数组函数。Python 对这类数组的操作和对普通数组的操作基本一致，可以对日期和时间值执行加法、减法、排序、比较、串联和绘图等操作，还可以将日期和时间以数值数组或文本形式表示。datetime 函数用于获取日期和时间值的年、月、日、时、分、秒等信息。

(1) datetime(Y, M, D)：根据年、月、日(Y、M、D)的对应元素创建一个日期和时间值。

(2) datetime(Y, M, D, H, MI, S)：在 datetime(Y, M, D)的基础上，添加时、分、秒(H、MI、S)。所有数组的大小必须相同(或者其中一个数组是标量)。

(3) datetime(Y, M, D, H, MI, S, MS)：在 datetime(Y, M, D, H, MI, S)的基础上，添加毫秒(MS)。

(4) datetime (year, month, day [, hour [, minute [, second [, microsecond [, tzinfo]]]]])：在 datetime (Y, M, D, H, MI, S, MS)的基础上，添加时区信息对象(tzinfo)。

Python 可以通过小黑点(.)调用函数类来获取指定的日期和时间。datetime 模块中的类包含日期对象(date)、时间对象(time)、日期和时间对象(datetime)、日期和时间对象 C 语言接口(datetime_CAPI)、时间间隔(timedelta)和 tzinfo。

datetime 模块中包含的常量如下。

(1) MAXYEAR：返回能表示的最大年份，如 datetime. MAXYEAR 为 9999。

(2) MINYEAR：返回能表示的最小年份，如 datetime. MINYEAR 为 0。

2. 获取指定日期和时间

day 指定的日期可以是 today、tomorrow、yesterday 或 now。在 Python 中，now 函数根据系统日期和时间计算与获取当前日期和时间。

实例　查看今天的日期信息

Python 程序如下。

```
>>> import datetime      #导入日期和时间模块
>>> a = datetime. datetime. today()      #获取当前的日期数据
#显示日期数据的年、月、日
>>> a. year
2021
>>> a. month
12
>>> a. day
9
```

扫码看视频

3. 日期对象

日期对象 date 常用的属性有 year、month、day，用于获取日期值的年、月、日。

实例　查看指定日期信息

Python 程序如下。

```
>>> import datetime      #导入日期和时间模块
#定义日期数据
>>> a = datetime. date(2021,9,2)
>>> type(a)
<class 'datetime. date'>
#显示日期数据的年、月、日属性
>>> a. year
2021
>>> a. month
9
>>> a. day
2
```

扫码看视频

4. 时间对象

时间对象 time 常用的属性有 hour、minute、second、microsecond，用于获取时间值的时、分、秒、毫秒。

实例 显示时间信息

Python 程序如下。

```
>>> import datetime       #导入日期和时间模块
>>> a = datetime. time(1,2,3)       #获取时间数据
#显示时间数据的时、分、秒、毫秒
>>> a. hour
1
>>> a. minute
2
>>> a. second
3
>>> a. microsecond
0
```

扫码看视频

5. 日期和时间对象

日期和时间对象 datetime 常用的属性有 year、month、day、hour、minute、second、microsecond，用于获取日期和时间值的年、月、日、时、分、秒、毫秒，并返回到一个(七元)数据中。

实例 显示当前日期和时间

Python 程序如下。

```
>>> import datetime       #导入日期和时间模块
#返回当前日期和时间
>>> a = datetime. datetime. now()
>>> a
datetime. datetime(2021, 12, 9, 11, 55, 19, 847795)
>>> format(a)       #将输出格式设置为字符串
'2021-12-09 11:55:19. 847795'
```

扫码看视频

(1) combine 函数。可以将日期和时间对象 datetime 看成是 date 类和 time 类的合体。在 Python 中，combine 函数将一个 date 对象和一个 time 对象合并生成一个 datetime 对象。其调用格式如下。

```
combine(. . . )
```

实例 合并日期和时间数据

Python 程序如下。

```
>>> import datetime       #导入日期和时间模块
#创建日期变量
```

扫码看视频

```
>>> a1 = datetime. date(2021,3,6)
#创建时间变量
>>> a2 = datetime. time(12,12,12)
#合并日期和时间变量
>>> datetime. datetime. combine(a1,a2)
datetime. datetime(2021, 3, 6, 12, 12, 12)
```

(2) getattribute 函数。在 Python 中，getattribute 函数用于获取日期。其调用格式如下。

```
_ _getattribute_ _(. . . )
```

实例　获取指定日期

Python 程序如下。

```
>>> import datetime        #导入日期和时间模块
>>> a = datetime. datetime(2021,9,8)        #显示指定日期
>>> a
datetime. datetime(2021, 9, 8, 0, 0)
#获取日期
>>> a. _ _getattribute_ _("year")
2021
>>> a. _ _getattribute_ _("month")
9
>>> a. _ _getattribute_ _("day")
8
```

扫码
看视频

(3) utcnow 函数。在 Python 中，utcnow 函数用于获取当前日期和时间协调世界时 (UTC) datetime 对象。其调用格式如下。

```
utcnow(. . . )
```

实例　获取 UTC datetime 对象

Python 程序如下。

```
>>> import datetime        #导入日期和时间模块
#创建当前日期和时间的 UTC datetime 对象
>>> a = datetime. datetime. utcnow( )
>>> a
datetime. datetime(2021, 12, 9, 6, 29, 14, 303195)
```

扫码
看视频

6. 日期和时间的表示形式

在 Python 中，默认用日期数字表示日期格式，使计算机更容易计算，但是不直观。可以将日期和时间的表示格式转换为国际标准化组织 (ISO 8601) 日期格式。下面介绍

转换函数。

(1)isocalendar 函数。在 Python 中，isocalendar 函数返回一个包含 3 个值的元组，3 个值依次为年份(year)、周数(week)、星期数(weekday)。其调用格式如下。

```
isocalendar(...)
```

(2)isoformat 函数。在 Python 中，isoformat 函数返回符合国际标准 ISO 8601 的日期字符串(YYYY-MM-DD)。其调用格式如下。

```
isoformat(...)
```

(3)isoweekday 函数。在 Python 中，isoweekday 函数返回符合国际标准 ISO 8601 的指定日期所在的星期数(周一为 1……周日为 7)。其调用格式如下。

```
isoweekday(...)
```

(4)weekday 函数。在 Python 中，weekday 函数返回指定日期所在的星期数。其调用格式如下。

```
weekday(...)
```

实例 设置 ISO 日期

Python 程序如下。

```
>>> import datetime        #导入日期和时间模块
#创建指定日期
>>> a = datetime. date(2022,3,22)
>>> a
datetime. date(2022, 3, 22)
#转换 ISO 日期格式
>>> a. isocalendar()
datetime. isoCalendarDate(year =2022, week =12, weekday =2)
>>> a. isoformat()
'2022-03-22'
>>> a. isoweekday()
2
>>> a. weekday()
1
```

扫码
看视频

在 Python 中，除了使用函数，还可以使用符号来指定日期和时间格式，具体符号如表 5-13 所示。

表 5-13 使用符号指定日期和时间格式

符号	说明
%y	两位数的年份表示(00~99)

（续表）

符号	说明
%Y	四位数的年份表示(0000～9999)
%m	月份(1～12)
%d	月内的一天(0～31)
%H	24 小时制小时数(00～23)
%I	12 小时制小时数(01～12)
%M	分(00～59)
%S	秒(00～59)
%a	本地简化星期名称
%A	本地完整星期名称
%b	本地简化月份名称
%B	本地完整月份名称
%c	本地相应的日期和时间表示
%j	年内的一天(1～366)
%p	本地 A. M. 或 P. M. 的等价符
%U	一年中的星期数(0～53)，星期日为一星期的开始
%w	星期(0～6)，星期日为一星期的开始
%W	一年中的星期数(0～53)，星期一为一星期的开始
%x	本地相应的日期表示
%X	本地相应的时间表示
%Z	当前时区的名称
%%	%本身

任务评价

评价内容	评价标准	分值	自评	师评
基本数学函数	掌握 Python 中的基本数学函数	30		
逻辑判断函数	掌握 Python 中的逻辑判断函数	30		
日期和时间函数	掌握 Python 中的日期和时间函数	40		
总分		100		

任务 4　自定义函数

任务描述

小白发现模块中的函数有很多无法实现的功能。那么，如何解决这些问题？怎么创建这些函数？

任务分析

本任务首先介绍函数的定义，函数的使用有助于读者组织代码，使其结构更加清晰，易于维护和调试；其次介绍变量的作用域，掌握 Python 变量作用域，能够让读者在编写复杂函数时避免变量命名冲突，确保数据的正确性和安全性；最后介绍匿名变量，掌握 Python 匿名变量，能够让读者在需要传递简单函数作为参数时，避免定义完整的函数，从而提高代码的简洁性和可读性。

任务重点与实施

函数是指一段可以重复使用的、直接被另一段程序或代码引用的程序或代码，用来独立地完成某个功能。为了方便用户编写程序，Python 开发了大量库函数，用户可以调用这些函数实现强大的功能。

在 Python 中除了可以直接使用标准库函数，还可以自定义函数。自定义函数能够提高代码的复用性，让代码更简洁。

5.4.1　函数定义

将代码段封装成函数的过程称为函数定义。函数定义格式如下。

```
def 函数名(参数 1,参数 2,...,参数 n):
    函数体
    return 语句
```

其中，def 为关键字，以 return[表达式]结束函数，选择性地返回一个值给调用方。不带表达式的 return 相当于返回 None。

自定义函数有以下规则。

(1)函数代码块以 def 关键字开头，后接函数名和括号。

(2)任何传入参数和自变量都必须放在括号之间。括号之间可以定义参数。

(3) 函数的第一行语句可以选择性地使用文档字符串(用于存放函数说明)。

(4) 函数内容以冒号开头，并且缩进。

实例　求和运算

用 def 定义一个函数，给定一个函数名 sumd，声明两个参数 num1 和 num2，函数体的第一行语句进行函数说明(两数之和)。用 return 语句结束函数，返回两数之和。

扫码看视频

PyCharm 程序如下。

```
#! /usr/bin/env python3
# -* - coding: UTF-8 -* -
def sumd(num1,num2):
"两数之和"
    return num1 + num2
#调用函数
print('num1 + num2 = ',sumd(5,6))
```

运行结果如下。

```
num1 + num2 =  11
```

实例　用 def 创建方程 y=5x+2

PyCharm 程序如下。

扫码看视频

```
#! /usr/bin/env python3
# -* - coding: UTF-8 -* -
def  y(x):
    y = 5* x + 2
    return y
#调用自定义函数 y
x = 5     #定义 x 的值
print('y','(',x,') =5x+2 =',y(x))     #输出方程结果
```

运行结果如下。

```
y ( 5 ) =5x+2 = 27
```

5.4.2　变量的作用域

变量的作用域就是变量生效的范围，使变量在某个范围内有意义，不会出错。其目的是提高程序的可靠性，更重要的是减少命名冲突。一般根据变量的有效范围将变量分为局部变量和全局变量。

1. 局部变量

局部变量指在函数内部定义的变量，只在函数内部有效，如果外部使用则会显示 NameError 异常。locals 函数可返回局部变量。

实例 输出局部变量

PyCharm 程序如下。

扫码看视频

```
#! /usr/bin/env python3
# -* - coding: UTF-8 -* -
def f_demo():
    message = "Python 函数"
    print("Python 局部变量 message =",message)
f_demo()    #调用函数
```

运行结果如下。

```
Python 局部变量 message= Python 函数
```

2. 全局变量

全局变量指能够作用于函数内外的变量。globals 函数可返回全局变量。

实例 输出全局变量和局部变量

PyCharm 程序如下。

扫码看视频

```
#! /usr/bin/env python3
# -* - coding: UTF-8 -* -
message="Python 3.10"
print("函数体外 message=",message)
def f_demo():
        message="Python 3.10"
        print("函数体内 message=",message)
f_demo()
print("函数体外 message=",message)
```

运行结果如下。

```
函数体外 message= Python 3.10
函数体内 message= Python 3.10
函数体外 message= Python 3.10
```

注意

当局部变量和全局变量重名时，对函数内部的变量进行赋值后，不影响函数外部的变量。

5.4.3　匿名变量

匿名变量是指没有名字的函数，适用于需要一个函数但又不需要给这个函数命名的情况。通常，这样的函数只使用一次。

匿名变量 lambda 的调用格式如下。

```
result = lambda[arg1[,arg2,...,argn]]:expression
```

匿名变量的参数说明如下。

(1) result：用于调用 lambda 表达式。

(2) [arg1[, arg2, ..., argn]]：可选参数，用于指定要传递的参数列表。

(3) expression：必选参数，用于指定一个实现具体功能的表达式，如果有参数，那么会在该表达式中引用该参数。

注意

(1) 使用 lambda 表达式时，参数可以有多个，但是表达式只能有一个，即只能返回一个值。

(2) 不能出现其他非表达式语句，如 for、while 等。

(3) lambda 函数内部只能是一个表达式，并且会自动将结果反馈出来。

(4) lambda 函数只有一个功能：提高代码的简洁性。

实例　定义一个计算圆的面积的函数

PyCharm 程序如下。

扫码看视频

```
#! /usr/bin/env python3
# -*- coding: UTF-8 -*-
import math     #导入数学函数模块
def circlearea(r):     #定义一个计算圆的面积的函数
    result = math.pi* pow(r,2)
    return int(result)     #计算圆的面积,输出结果为整数
r = 10
#输出结果
print('半径为',r,'的圆的面积为',circlearea(r))
```

运行结果如下。

```
半径为 10 的圆的面积为 314
```

使用 lambda 表达式的代码如下。

```
#! /usr/bin/env python3
# -*- coding: UTF-8 -*-
import math
```

```
r = 10
result = lambda r:math. pi* r* r      #计算圆的面积的 lambda 表达式
print('半径为',r,'的圆的面积为',result(r))     # 输出圆的面积
```

运行结果如下。

```
半径为 10 的圆的面积为 314. 1592653589793
```

从上面的实例可以看出，虽然使用 lambda 表达式比自定义函数的代码减少了，但是需要定义一个变量，否则输出结果不符合预期。

任务评价

评价内容	评价标准	分值	自评	师评
函数定义	掌握函数的定义	30		
变量的作用域	掌握局部变量和全局变量的定义	40		
匿名变量	掌握匿名变量的定义	30		
	总分	100		

项 目 小 结

本项目主要介绍了 Python 数值数据的相关知识。首先介绍了 Python 数据类型、Python 运算符；其次介绍了数学函数运算；最后介绍了自定义函数。通过本项目的学习，读者能够对 Python 数值数据有了更深入的理解和掌握，为在编程实践中进行数据处理、算法实现和解决实际问题提供了坚实的基础。无论是进行科学计算、数据分析还是开发各种应用程序，对数值数据的正确理解和运用都是至关重要的。

项 目 习 题

一、选择题

1. 以下哪个选项正确描述了 Python 中支持的数值类型？(　　)

A. 整型(int)、浮点型(float)和布尔型(bool)

B. 整型(int)、浮点型(float)、复数型(complex)和布尔型(bool)

C. 整型(int)、浮点型(float)、复数型(complex)、布尔型(bool)和字符串型(str)

D. 整型(int)和浮点型(float)

2. 以下关于 Python 中数值类型转换函数的说明，哪个选项是正确的？(　　)

A. float(x)：将 x 转换为一个整数

B. bin(x)：返回一个整数(int)或长整数(long int)的二进制表示数

C. hex(x)：将一个整数转换为一个八进制字符串

D. oct(x)：将一个整数转换为一个十六进制字符串

3. 取整除使用的运算符是哪个？(　　)

A. /　　B. %　　C. * *　　D. //

4. 以下关于 Python 中赋值运算符的说明，哪个选项是正确的？(　　)

A. +=：简单赋值　　B. //=：幂赋值

C. * * =：取整除赋值　　D. % =：取模赋值

5. 以下关于 Python 中常用数学运算函数的说明，哪个选项是正确的？(　　)

A. ceil(x)：返回数字的绝对值

B. fabs(x)：返回数字的上入整数

C. exp(x)：返回 e 的 x 次幂(ex)

D. max(x1, x2, ...)：返回给定参数的最小值，参数可以为序列

6. 以下关于 Python 中日期和时间格式符号的说明，哪个选项是正确的？(　　)

A. %y：四位数的年份表示(0000～9999)

B. %Y：两位数的年份表示(00～99)

C. %d：月内的一天(0～31)

D. %H：12 小时制小时数(01～12)

7. 自定义函数的代码块以什么关键字开头？(　　)

A. def　　B. function　　C. define　　D. func

8. 变量的作用域的目的是什么？(　　)

A. 提高程序的可读性

B. 提高程序的运行速度

C. 提高程序的可靠性，减少命名冲突

D. 增加程序的复杂性

9. 关于 lambda 表达式，以下说法正确的是哪个？(　　)

A. 参数可以有多个，表达式可以有多个

B. 参数可以有多个，但是表达式只能有一个

C. 参数只能有一个，表达式也只能有一个

D. 参数和表达式数量没有限制

二、上机操作题

1. 计算两地间路程。

甲乙两辆客车上午 8 点同时从两个车站出发，相向而行，经过一段时间，两车同时到达一条河的两岸。由于河上的桥正在维修，车辆禁止通行，两车需交换乘客，然后按原路返回各自出发的车站，到站时已是下午 2 点。甲车每小时行驶 40 千米，乙车每小时行驶 45 千米，两地相距多少千米？交换乘客的时间和桥的长度略去不计，输出计算结果，如图 5-1 所示。

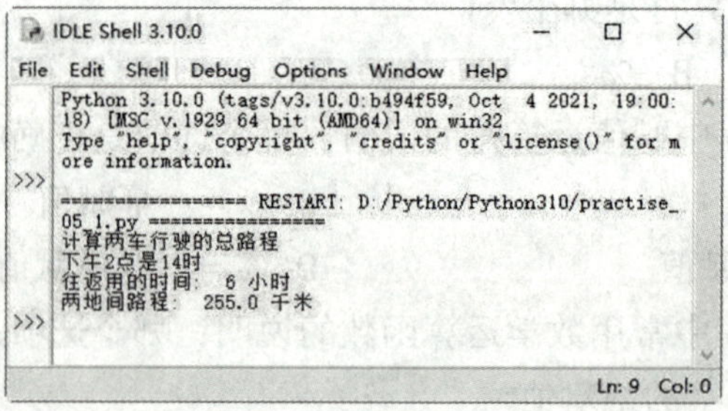

图 5-1 运行结果(1)

(1)使用算数运算符计算路程与时间。

(2)使用 print 函数输出说明文字。

2. 输出气体的质量。

3 个密闭容器中分别被充入了氢气、氮气、氧气 3 种气体，当它们的压强、体积、温度均相同时，气体质量与摩尔质量成正比。输出 3 种气体的质量大小顺序，如图 5-2 所示。

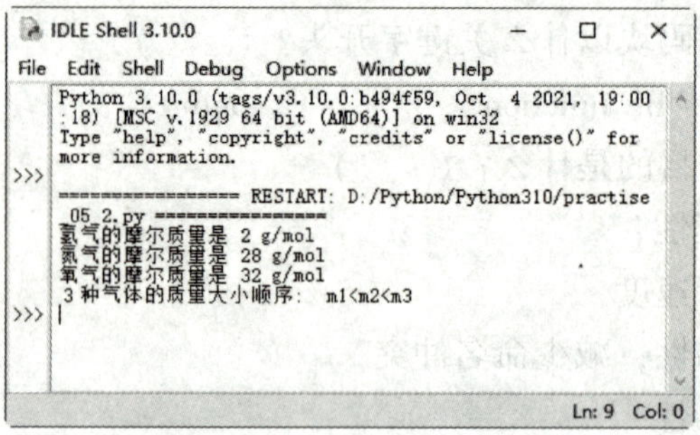

图 5-2 运行结果(2)

(1)使用=定义变量。

(2)使用 print 函数输出说明文字。

项目6　字符串运算

项目导读

字符串运算是各种高级语言必不可少的部分。Python的字符串运算功能很丰富，在数学、物理学及力学等各种学科和工程应用中，经常会遇到字符串运算的问题。本项目主要介绍了字符串的基本属性函数，以及字符串的应用。

学习目标

◆ 知识目标

- 掌握字符串的定义方法。
- 学会字符串的基本属性函数，能进行交互应用。
- 熟练掌握正则表达式的应用。

◆ 技能目标

- 能引入正则表达式并进行字符串操作。
- 能够将字符串定义、属性函数和正则表达式结合起来，应用于实际项目中的字符串处理任务，如文本分析、数据挖掘、网页爬虫等。

◆ 素质目标

- 通过理解和运用字符串的各种操作，培养读者清晰的逻辑思维。
- 通过对字符串的创造性运用，培养读者在编程领域的创新能力。
- 培养读者自主学习的意识和能力，能够主动探索更多关于字符串处理的高级技术和应用场景，不断提升编程水平。

◆ 思政目标

- 强化读者的诚信意识与职业道德，维护学术研究的严谨性和严肃性。
- 引导读者自信勤奋，培养热爱祖国的情感。

任务1 定义字符串

任务描述

老师让小白整理电子文档，小白发现文档中有很多段落没有断句、断行。那么，如何使用 Python 实现断句、断行？如何输入特殊字符？

任务分析

本项目首先介绍掌握直接赋值生成字符串的方法，是理解和使用字符串的基础；其次介绍利用函数将数据转换为字符串，掌握这种方法可以提高程序的灵活性和通用性；最后介绍如何定义特殊字符串，掌握定义特殊字符串的方法有助于处理复杂的文本处理和数据解析任务。

任务重点与实施

字符串是 Python 中常用的数据类型，由 26 个英文字母及空格等一些特殊符号组成，所有的空格和制表符都照原样保留。

6.1.1 直接赋值生成字符串

在 Python 中，字符串是用一对单引号或双引号括起来的单个字符或多个字符序列；多行字符串是用一对三引号括起来的零个字符或多个字符序列，如'''what's your name? '''。例如：

```
>>> a = 'this is a book'          #使用单引号创建字符串
>>> a
'this is a book'
>>> a = "this is a book"          #使用双引号创建字符串
>>> a
'this is a book'
>>> a = '''this is a book'''      #使用三引号创建字符串
>>> a
'this is a book'
```

> **提示**
>
> 单引号与双引号的作用其实是一样的，但是当引号里面包含单引号时，则该引号需使用双引号。三引号可以表示一个多行的字符串，也可以在三引号中自由使用单引号和双引号。

实例　定义读者信息

定义读者信息时首先分别定义字符串变量类型，如整型、布尔型，初始化读者信息；其次输出读者信息。

PyCharm 程序如下。

扫码看视频

```
#! /usr/bin/env python3
# -* - coding: UTF-8 -* -
#创建字符串
name = "Candy"      #使用双引号创建字符串变量
age = int (15)
scores = int(560)
isgraduate = bool(1)
#输出结果
print ("姓名:" ,name, end ='\n');
print("年龄:" ,age, end ='\n');
print("总成绩:" ,scores, end ='\n');
print("是否来自毕业班:",isgraduate, end ='\n');
```

运行结果如下。

```
姓名:Candy
年龄:15
总成绩:560
是否来自毕业班:True
```

6.1.2　利用函数将数据转换为字符串

利用函数将数据转换为字符串不但可以直接生成字符串，还可以将定义的 number、string、list、tuple、sets、dictionary 数据类型转换为字符串类型。

1. str 函数

在 Python 中，str 函数用于将对象 object 转换为字符串。其调用格式如下。

```
str(object)
```

2. repr 函数

在 Python 中，repr 函数用于将对象 object 转换为供解释器读取的字符串。其调用格式如下。

```
repr(object)
```

实例 生成字符串

PyCharm 程序如下。

```
#! /usr/bin/env python3
# -*- coding: UTF-8 -*-
s1 = '123456'        #直接创建字符串
s2 = str(123456)      #利用 str 函数创建字符串
s3 = repr(123456)     #利用 repr 函数创建字符串
#输出字符串与字符串类型
print(s1, type(s1), s2, type(s2), s3, type(s3))
```

扫码看视频

运行结果如下。

```
123456 <class 'str'> 123456 <class 'str'> 123456 <class 'str'>
```

6.1.3 创建包含特殊字符的字符串

相对于一般或常用的字符串，特殊字符是指使用频率较低且难以直接输入的符号。

1. 转义字符

Python 用反斜杠(\)定义转义字符，如表 6-1 所示。

表 6-1 转义字符

符号	说明
\(在行尾时)	续行
\\	反斜杠
\'	单引号
\"	双引号
\a	响铃，表示发出警告声
\b	退格(Backspace)
\e	转义
\0	空
\n	换行
\v	纵向制表
\t	横向制表
\r	回车
\f	换页

（续表）

符号	说明
\ 0yy	八进制数，y 代表 0 ~ 7 的字符，如 \ 012 代表换行
\ xyy	十六进制数，以 \ x 开头，yy 代表字符，如 \ x0a 代表换行
\ other	其他字符，以普通格式输出

2. 格式转换字符

Python 用百分号(%)定义格式转换字符，如表 6-2 所示。

表 6-2　格式转换字符

符号	说明
%d	格式化整数
%u	格式化无符号整数
%o	格式化无符号八进制数
%x	格式化无符号十六进制数(小写)
%X	格式化无符号十六进制数(大写)
%f	格式化浮点数，可指定小数点后的精度
%e	用科学计数法格式化浮点数
%E	作用同%e，用科学计数法格式化浮点数
%g	%f 和%e 的简写
%G	%f 和%E 的简写
%p	用十六进制数格式化变量的地址

6.1.4　定义特殊字符串

1. 原始字符串

原始字符串是指所有的字符串都直接按照字面的意思来使用，没有特殊字符或不能打印的字符。原始字符串除在字符串的第一个引号前加上字母 r(不区分大小写)外，与普通字符串有着几乎完全相同的语法。例如：

```
>>> print (r'\n')                    #输入原始字符串,结果输出换行符号
\n
>>> print ('\n')                     #输入特殊字符,结果输出空行
```

2. Unicode 字符串

在 Python 中，Unicode 字符串的定义是通过在普通字符串的第一个引号前加上字母

u(不区分大小写)来实现的。例如:

```
>>> u'Hello! '
'Hello! '
```

3. ASCII 字符串

ASCII 字符串是基于拉丁字母的一套计算机编码系统，主要用于显示现代英语和其他西欧语言。

(1)chr 函数。在 Python 中，chr 函数用于将一个整数 x(0 ~ 255)转换为一个 ASCII 字符。其调用格式如下。

```
chr(x)
```

(2)ord 函数。在 Python 中，ord 函数用于将一个 ASCII 字符转换为它的整数值。其调用格式如下。

```
ord(code)
```

实例 整数与字符串转换

PyCharm 程序如下。

```
#! /usr/bin/env python3
# -* - coding: UTF-8 -* -
sy = chr(100)                    #将整数转换为 ASCII 字符
n = ord(sy)                      #将 ASCII 字符转换为整数
#输出结果
print('整数与字符串转换:',sy,n)
```

扫码看视频

运行结果如下。

```
整数与字符串转换:d 100
```

任务评价

评价内容	评价标准	分值	自评	师评
直接赋值生成字符串	掌握直接赋值生成字符串的方法	25		
利用函数将数据转换为字符串	掌握利用函数将数据转换为字符串的方法	25		
创建包含特殊字符的字符串	掌握创建包含特殊字符的字符串的方法	25		
定义特殊字符串	掌握定义特殊字符串的方法	25		
总分		100		

任务 2　字符串基本属性函数

任务描述

小白整理文档过程中，发现有很多错误相似。那么，Python 如何利用字符和字符串进行统一查找定位?

任务分析

本任务将详细介绍字符串基本属性函数，包含字符串索引与切片、字符操作、字符串比较、字符串判断、字符串查找、字符串编/解码和字符串格式化。通过掌握这些功能，读者可以更加高效、准确地处理文本数据，实现文本信息的提取、分析、处理和输出。

任务重点与实施

字符串在创建后成为不可变的对象。当调用字符串对象的方法操作字符串时，会产生新的字符串对象，而不是更改原来的字符串对象。Python 中的 string 模块提供了很多属性函数进行字符串操作。

6.2.1　字符串索引与切片

定义字符串后，可对该字符串进行简单操作。索引是字符串中单个字符的位置编号，在第一个字符的左侧标索引 0，右侧字符依次加 1，如图 6-1 所示。

第一行数字是字符串中索引 0～6 的位置，第二行数字是对应的负数索引位置。i 到 j 的切片由 i 和 j 之间所有对应的字符组成。

```
+-----+-----+-----+-----+-----+-----+
|  p  |  y  |  t  |  h  |  o  |  n  |
+-----+-----+-----+-----+-----+-----+
0     1     2     3     4     5     6
-7    -6    -5    -4    -3    -2    -1
```

图 6-1　字符串索引

1. 计算字符串长度

由于不同的字符所占字节数不同，所以要计算字符串长度，需要先了解各个字符所占的字节数。在 Python 中，数字、英文、小数点、下画线和空格占 1 字节，一个汉字可能占 2～4 字节，占几字节取决于采用的编码。汉字在《汉字国标扩展码》(GBK) 与《信息交换用汉字编码字符集》(GB/T 2312-1980) 编码中占 2 字节，在 UTF-8/Unicode 编码中一般占 3 或 4 字节。

在 Python 中，可以用 len 函数查看字符串长度。例如：

```
>>>len('what is your name')
17
```

2. 字符串索引

需要访问子字符串时，可以使用方括号([ ])来索引字符串元素。索引可以提取单个字符，切片则可以提取子字符串，即提取一个或多个字符。方括号调用格式如表 6-3 所示。

表 6-3　方括号调用格式

格式	说明
[i]	i 表示字符串中字符的索引值
[i：j]	截取字符串中的一部分。i、j 表示字符串中字符的索引值

Python 的字符串列表有以下两种取值顺序。

(1)从左到右索引默认以 0 开始，最大范围是字符串长度减 1。

(2)从右到左索引默认以−1 开始，最大范围是字符串结尾到字符串开头。

例如：

```
>>> name = 'xiao bai'      #创建字符串
>>> name                   #显示字符串
'xiao bai'
>>> name[3]                #显示字符串中从左到右索引为 3 的元素,即从左到右第 4 个元素
'o'
>>> name[-3]               #显示字符串中从右到左索引为-3 的元素,即从右到左第 3 个元素
'b'
>>> name[1:3]              #显示字符串中索引为 1 ~3 的元素
'ia'
```

实例　翻转字符串

PyCharm 程序如下。

```
#! /usr/bin/env python3
# -* - coding: UTF-8 -* -
str1 = '你爱我'                 # 定义字符串
str2 = str1[::-1]              #翻转字符串
#输出结果
print(str1,'\n',str2)
```

扫码看视频

运行结果如下。

```
你爱我
我爱你
```

3. 字符串切片

除了支持索引，字符串还支持切片，可以将切片看成索引的扩展。在 Python 中，slice 函数实现字符串切片功能。其调用格式如表 6-4 所示。

表 6-4　slice 函数调用格式

格式	说明
class slice(stop)	stop 表示切片结束位置
class slice(start, stop[, step])	start 表示切片起始位置，step 表示间距

实例　字符串索引与切片

PyCharm 程序如下。

扫码看视频

```
#! /usr/bin/env python3
# -*- coding: UTF-8 -*-
s = 'boy and girl'      #使用单引号创建字符串
myslice = slice(5)      #设置截取 5 个元素的切片
s1 = s[myslice]      #截取 5 个元素
s2 = s[0:5]      #截取索引为 0 ~ 5 的元素
s3 = s[5]      #提取索引为 5 的元素
#输出结果
print('原字符串',s,'切片后',s1,'索引后',s2,'索引后',s3,sep='\n')
```

运行结果如下。

```
原字符串
boy and girl
切片后
boy a
索引后
boy a
索引后
n
```

注意

输出结果包含切片开始位置，但不包含切片结束位置。因此，s[:i] + s[i:] = s。

6.2.2　字符操作

Python 不支持单个字符类型，单个字符在 Python 中也作为一个字符串使用。下面介绍与字符串中的字符操作相关的函数。

1. 字符串拼接

字符串拼接有以下 4 种方法。

(1)使用加号(+)进行拼接，变成一个字符串，不同类型不能使用加号拼接。

(2)使用逗号(,)进行拼接，但会产生空格。

(3)使用星号(*)复制字符串。

(4)使用 join 函数进行拼接，使用字符分隔序列。

实例　拼接字符串

PyCharm 程序如下。

扫码看视频

```
#! /usr/bin/env python3
# -*- coding: UTF-8 -*-
s = 's' + 'y' + 'm' + 'b' + 'l' + 'i' + 'c'      #使用加号拼接字符串
s1 =  's' , 'y' , 'm' , 'b' , 'l' , 'i' , 'c'      #使用逗号拼接字符串
s2 = s.join('符号')      # 使用 join 函数拼接字符串
s3 = s* 3      #复制字符串
#输出结果
print(s,s1,s2,s3,sep='\n')
```

运行结果如下。

```
symblic
('s', 'y', 'm', 'b', 'l', 'i', 'c')
符 symblic 号
symblicsymblicsymblic
```

2. 字母大小写转换

在实际应用中，有可能需要对字符串中的字母进行大小写转换和比较，可由表 6-5 中的函数实现。

表 6-5　字母大小写转换函数

函数	说明
str. lower()	将字符串中的大写字母转换为小写字母，并且返回一个新的字符串
str. upper()	将字符串中的小写字母转换为大写字母，并且返回一个新的字符串
str. swapcase()	将字符串中的大写字母转换为小写字母，将小写字母转换为大写字母，并且返回一个新的字符串
str. capitalize()	返回一个首字母大写、其他字母小写的字符串
str. title()	返回一个标题化的字符串，每个单词的首字母大写、其他字母小写

实例　转换字母大小写

PyCharm 程序如下。

扫码
看视频

```
#! /usr/bin/env python3
# -* - coding: UTF-8 -* -
s = 'Happy New Year'              #使用单引号创建字符串
s1 = s. upper()                   #每个字母大写
s2 = s. lower()                   #每个字母小写
s3 = s. capitalize()              #首字母大写、其他字母小写
s4 = s. swapcase()                #大小写转换
#输出结果
print('原字符串:',s,'大小写转换结果:',s1,s2,s3,s4,sep='\n')
```

运行结果如下。

```
原字符串:
Happy New Year
大小写转换结果:
HAPPY NEW YEAR
happy new year
Happy new year
hAPPY nEW yEAR
```

3. 字符删除和填充

字符删除和填充是一种为了保证数据的透明，同时保证这些字符不会导致控制混乱的方法。字符删除和填充可由表 6-6 中的函数实现。

表 6-6　字符删除和填充函数

函数	说明
str. strip(chars)	删除字符串左右两边的指定 chars，若 chars 未定义，默认删除空白符(\r、\n、\f、\t)
str. lstrip(chars)	删除字符串左边的指定 chars
str. rstrip(chars)	删除字符串右边的指定 chars
str. center(width, fillchar)	返回一个以 width 为宽度、字符串居中、使用 fillchar 填充的新字符串。fillchar 默认为空格
str. ljust(width, fillchar)	返回一个以 width 为宽度、字符串居左、使用 fillchar 填充的新字符串
str. rjust(width, fillchar)	返回一个以 width 为宽度、字符串居右、使用 fillchar 填充的新字符串
str. zfill(width)	返回一个以 width 为宽度、字符串居右、使用 0 填充的新字符串

实例 删除字符

PyCharm 程序如下。

```
#! /usr/bin/env python3
# -* - coding: UTF-8 -* -
s = 'Python 3.10.0'                  #使用单引号创建字符串
s1 = s.strip('0')                    #检测左右两边,若有 0 则删除
s2 = s.lstrip('0')                   #检测左边,若有 0 则删除
s3 = s.rstrip('0')                   #检测右边,若有 0 则删除
#输出结果
print(s,s1,s2,s3,sep = '\n')
```

扫码看视频

运行结果如下。

```
Python 3.10.0
Python 3.10.
Python 3.10.0
Python 3.10.
```

实例 删除空格

PyCharm 程序如下。

```
#! /usr/bin/env python3
# -* - coding: UTF-8 -* -
#使用双引号创建字符串
msg = "     Python 程序设计      "
m1 = msg.lstrip()                    #删除左边的空格
m2 = msg.rstrip()                    #删除右边的空格
m3 = msg.strip()                     #删除左右两边的空格
#输出结果
print(msg,m1,m2,m3,sep = '\n')
```

扫码看视频

运行结果如下。

```
     Python 程序设计
Python 程序设计
     Python 程序设计
Python 程序设计
```

实例 填充字符

PyCharm 程序如下。

```
#! /usr/bin/env python3
# -* - coding: UTF-8 -* -
width = 20                           #定义字符串长度
```

扫码看视频

```
s = 'hello'                        #使用单引号创建字符串
s1 = s. center(width, 'M')         #字符串 s 居中,其余处填充 M,总长度为 width
s2 = s. ljust(width, 'M')          #字符串 s 居左,其余处填充 M,总长度为 width
s3 = s. rjust(width, 'M')          #字符串 s 居右,其余处填充 M,总长度为 width
#输出结果
print(s1,s2,s3,sep ='\n')
```

运行结果如下。

```
MMMMMMMhelloMMMMMMMM
helloMMMMMMMMMMMMMMM
MMMMMMMMMMMMMMMhello
```

实例　为字符串添加空格

PyCharm 程序如下。

扫码看视频

```
#! /usr/bin/env python3
# -*- coding: UTF-8 -*-
s1 = 'Happy        birthday'        #使用单引号创建字符串
s2 = 'Happy birthday'               #创建字符串
s3 = s2. center(len(s1), ' ')       #字符串居中, 其余处填充空格
#输出结果
print(s1,s2,s3,sep ='\n')
```

运行结果如下。

```
Happy        birthday
Happy birthday
   Happy birthday
```

4. 字符串分割

字符串分割包括两种：单行分割、多行分割，函数如表 6-7 所示。

表 6-7　字符串分割函数

函数	说明
str. split(seq, maxsplit)	从左往右使用指定的分隔符 seq 对字符串进行分割处理，若不指定 seq 则默认使用空白符进行切分；若不指定 maxsplit 则默认全部分割。结果存入列表并返回(不包括指定的分隔符 seq)
str. rsplit(seq, maxsplit)	从右往左分割
str. partition(seq, maxsplit)	从左边开始，将字符串按分隔符 seq 分割成 3 个部分。结果存入元组并返回(包括指定的分隔符 seq)
str. rpartition(seq, maxsplit)	从右往左分割。结果存入元组并返回

(续表)

函数	说明
str. splitlines(keepends=False)	将字符串按行分割，并且将分割的结果作为一个列表返回。keepends 默认为 False，显示添加空格；当 keepends 为 True 时，显示分割符(\n)

实例 分割字符串

PyCharm 程序如下。

扫码看视频

```
#! /usr/bin/env python3
# -*- coding: UTF-8 -*-
s = 'Python 3. 10. 0'* 2          #使用单引号创建字符串
s0 = s. split()                   #从左边开始,将字符串按空格分割
s1 = s. split('t')                #从左边开始,将字符串按 t 分割
s2 = s. rsplit('t')               #从右边开始,将字符串按 t 分割
s3 = s. partition('t')            #从左边开始,将字符串按 t 分割成 3 个部分
s4 = s. rpartition('t')           #从右边开始,将字符串按 t 分割成 3 个部分
#输出结果
print(s0,s1,s2,s3,s4,sep='\n')
```

运行结果如下。

```
['Python', '3. 10. 0Python', '3. 10. 0']
['Py', 'hon 3. 10. 0Py', 'hon 3. 10. 0']
['Py', 'hon 3. 10. 0Py', 'hon 3. 10. 0']
('Py', 't', 'hon 3. 10. 0Python 3. 10. 0')
('Python 3. 10. 0Py', 't', 'hon 3. 10. 0')
```

6.2.3 字符串比较

字符串本身无法比较，比较的是字符对应的 ASCII 码值。ASCII 码值使用指定的 7 位或 8 位二进制数组合来表示 128 种或 256 种可能的字符。字符串比较函数如表 6-8 所示。

表 6-8 字符串比较函数

函数	说明
min(str)	返回字符串中的最小字符
max(str)	返回字符串中的最大字符

实例　比较字符串的最小值和最大值

PyCharm 程序如下。

扫码看视频

```
#! /usr/bin/env python3
# -* - coding: UTF-8 -* -
as_0 = ord('a')                    #将字符转换为 ASCII 码值
as_1 = chr(as_0)                   #将 ASCII 码值转换为整数
#将字符转换为 ASCII 码值
as_2 = chr(ord('b'))
as_3 = chr(ord('c'))
as_4 = chr(ord('d'))
#比较字符的 ASCII 码值
n1 = min(as_1,as_2,as_3,as_4)
n2 = max(as_1,as_2,as_3,as_4)
#输出结果
print('最小值:',n1,'最大值:',n2,sep='\n')
```

运行结果如下。

```
最小值:
a
最大值:
d
```

6.2.4　字符串判断

在 Python 中，判断字符串中字符的函数如表 6-9 所示。

表 6-9　字符串判断函数

函数	说明
str. startswith(prefix[, start[, end]])	判断字符串是否以指定前缀 prefix 开头。索引区间为[, start[, end]]，若是则返回 True，否则返回 False
str. endswith(prefix[, start[, end]])	判断字符串是否以指定后缀 prefix 结尾。若是则返回 True，否则返回 False
str. isdigit()	判断字符串是否只由阿拉伯数字组成。若是则返回 True，否则返回 False
str. isdecimal()	判断字符串是否只包含十进制字符。若是则返回 True，否则返回 False
str. isnumeric()	判断字符串是否只包含阿拉伯数字或中文的一、二、三等。若是则返回 True，否则返回 False
str. isalpha()	判断字符串是否只包含纯字母。若是则返回 True，否则返回 False。此函数没有单独考虑中文，中文默认也是字母

(续表)

函数	说明
str. isalnum( )	判断字符串是否由字母与数字组成。若是则返回 True，否则返回 False
str. isupper( )	判断字符串中出现的字母是否全部为大写。若是则返回 True，否则返回 False
str. islower( )	判断字符串中出现的字母是否全部为小写。若是则返回 True，否则返回 False
str. istitle( )	判断字符串是否为标题化的字符串。若是则返回 True，否则返回 False
str. isspace( )	判断字符串中是否只包含空白符。若是则返回 True，否则返回 False

实例 判断字符串是否以某字符串开头

PyCharm 程序如下。

```
#! /usr/bin/env python3
# -* - coding: UTF-8 -* -
#使用双引号创建字符串
s = "bless you! 祝福你!"
#判断字符串是否以某字符串开头
s2 = s. startswith("bless")
s3 = s. startswith(" bless")
#输出结果
print(s,'判断字符串是否以某字符串开头',s2,s3,sep='\n')
```

扫码看视频

运行结果如下。

```
bless you! 祝福你!
判断字符串是否以某字符串开头
True
False
```

实例 判断字符串是否以某字符串结尾

PyCharm 程序如下。

```
#! /usr/bin/env python3
# -* - coding: UTF-8 -* -
#使用双引号创建字符串
s = "bless you! 祝福你!"
#判断字符串是否以某字符串结尾
s2 = s. endswith("!")
s3 = s. endswith("你")
#输出结果
print(s,'判断字符串是否以某字符串结尾',s2,s3,sep='\n')
```

扫码看视频

运行结果如下。

```
bless you! 祝福你!
判断字符串是否以某字符串结尾
True
False
```

实例　判断字符串中的字符类型

PyCharm 程序如下。

扫码看视频

```
#! /usr/bin/env python3
# -* - coding: UTF-8 -* -
s = 'Happy birthday to you'          #使用单引号创建字符串
s1 = s. startswith('H')              #判断字符串是否以 H 开头
s2 = s. endswith('H')                #判断字符串是否以 H 结尾
s3 = s. isdigit()                    #判断字符串是否为数字
s4 = s. isalnum()                    #判断字符串是否为字母和数字
s5 = s. isalpha()                    #判断字符串是否为纯字母
s6 = s. isidentifier()               #判断字符串是否为标识符
s7 = s. isspace()                    #判断字符串是否为空格
#输出结果
print(s1,s2,s3,s4,s5,s6,s7,sep='\n')
```

运行结果如下。

```
True
False
False
False
False
False
False
```

6.2.5　字符串查找

在一个字符串中查找字符或子字符串是经常使用的操作。String 类提供了两种查找字符串的方法，分别是 index 和 find，这两种方法都返回待查找字符或子字符串在字符串中的起始索引位置。在 Python 中，对字符串中的指定字符进行查找、替换、计数的函数如表 6-10 所示。

表 6-10　字符查找函数

函数	说明
str. count(sub, start, end)	统计 sub 在字符串中出现的次数。若不指定 start 与 end 则默认统计整个字符串，若指定 start 与 end 则统计的范围是[start, end)

(续表)

函数	说明
str. find(sub, start, end)	从左往右在字符串中查找 sub 是否存在。若存在则返回第一次验证到的 sub 的索引值，若不存在则返回-1
str. replace(old, new[, max])	把字符串中的 old(旧字符串)替换成 new(新字符串)，如果指定第 3 个参数 max，则替换不超过 max 次
str. index(sub, start, end)	从左往右在字符串中查找 sub 是否存在。若存在则返回第一次验证到的 sub 的索引值，若不存在则报错

实例 查找和替换字符串

PyCharm 程序如下。

扫码看视频

```
#! /usr/bin/env python3
# -*- coding: UTF-8 -*-
#使用单引号创建字符串
str1 = 'Good '
str2 = 'Morning'
str = str1+str2                          #拼接字符串
s1 = str. find('o')                      #在拼接后的字符串中查找 o,返回
索引值
s2 = str. count('o')                     #在拼接后的字符串中查找 o 并计数
s3 = str. replace('Morning','Evening')#在拼接后的字符串中替换字符串
s4 = str. index('Morning')               #在替换后的字符串中查找 Morning
是否存在
#输出结果
print(str,s1,s2,s3,s4,sep='\n')
```

运行结果如下。

```
Good Morning
1
3
Good Evening
5
```

6.2.6 字符串编/解码

字符串在 Python 内部以 Unicode 编码表示，因此，在进行编码转换时，通常需要以 Unicode 为中间编码，即先将其他编码的字符串解码(decode)成 Unicode 编码，再编码(encode)成另一种编码。

字符串编/解码用于保存数据和传输数据，中文若没有进行正确的编/解码，很容易出现像乱码的字符串，编/解码的格式必须保持一致。字符串编/解码常用的编码格

式是 Unicode、ASCII、UTF-8、GBK，下面介绍基本的编码格式。

(1) GB 2312：在 ASCII 的基础上建立，小于 127 的字符与 ASCII 字符的意义相同。GB 2312 将两个大于 127 的字节连在一起来表示汉字，前一字节从 0xA1 (161) 到 0xF7 (247) 共 87 字节，称为高字节，后一字节从 0xA1 (161) 到 0xFE (254) 共 94 字节，称为低字节，两者可生成约 8 000 种组合，用来表示 6 763 个简体汉字、数学符号、罗马字母、日文字等。

(2) GBK：对 GB 2312 的进一步扩展，收录了 21 886 个汉字和符号，完全兼容 GB 2312。

(3) GB 18030：收录了 70 244 个汉字和字符，更加全面，与 GB 2312 和 GBK 兼容。支持少数民族的汉字，也包含了繁体汉字和日韩汉字，其编码是单、双、四字节变长编码。

(4) UTF：在互联网上使用较广泛的一种 Unicode 的实现方式，常用的是 UTF-8，表示每次由 8 个位传输数据，除此之外还有 UTF-16。

在 Python 中，encode 函数以指定的编码格式 Unicode 编码字符串。其调用格式如下。

```
str. encode(encoding = 'utf-8', errors = 'strict')
```

字符串编/解码的参数说明如下。

(1) encoding：默认编码为 UTF-8，常用的有 UTF-8、GB 2312、CP936、GBK 等。

(2) errors：可选参数，用于设置不同错误的处理方案，默认为 strict，意为编码错误引起一个 UnicodeEncodeError。其他可能值有 ignore、replace、xmlcharrefreplace，以及通过 codecs. register_error( ) 注册的其他值。

在 Python 中，decode 函数以指定的编码格式 Unicode 解码字符串。其调用格式如下。

```
str. decode(encoding = 'utf-8', errors = 'strict')
```

实例　字符编/解码

PyCharm 程序如下。

扫码看视频

```
#! /usr/bin/env python3
# -*- coding: UTF-8 -*-
string = '四季如春'    # 定义中文字符串
#对中文字符串进行编码
string_1 = string. encode('utf-8')
string_2 = string. encode('gb2312')
string_3 = string. encode('gb18030')
string_4 = string. encode('gbk')
```

```
string_5 = string. encode('utf-16')
#输出乱码
print('编码结果:', string_1, string_2, string_3, string_4, string_5, sep='\n')
#对字符串进行解码
string_01 = string_1. decode('utf-8')
string_02 = string_2. decode('gb2312')
string_03 = string_3. decode('gb18030')
string_04 = string_4. decode('gbk')
string_05 = string_5. decode('utf-16')
#输出解码结果
print('解码结果:', string_01, string_02, string_03, string_04, string_05, sep='\n')
```

运行结果如下。

```
编码结果:
b'\xe5\x9b\x9b\xe5\xad\xa3\xe5\xa6\x82\xe6\x98\xa5'
b'\xcb\xc4\xbc\xbe\xc8\xe7\xb4\xba'
b'\xcb\xc4\xbc\xbe\xc8\xe7\xb4\xba'
b'\xcb\xc4\xbc\xbe\xc8\xe7\xb4\xba'
b'\xff\xfe\xdbVc[\x82Y%f'
解码结果:
四季如春
四季如春
四季如春
四季如春
四季如春
```

6.2.7 字符串格式化

Python 支持格式化字符串的输出，尽管这样可能会用到非常复杂的表达式。格式化字符串是指先创建一个模板，在这个模板中预留几个空位，然后根据需要填上相应的内容。这些空位需要通过指定的符号(占位符)标记，而这些符号不会显示出来。在 Python 2.6 及后续版本中增加了使用 format 函数实现字符串格式化的功能。

字符串对象提供了 format 函数的完整语法与显示格式的对应关系。其调用格式如下。

```
{[index][:]}[[fill]align][sign][#][0][width][,][.precision][type]}.format(*args,**kwarg)
```

1. 创建模板

在创建模板时，需要使用大括号({})和冒号(:)指定占位符。模板格式如下。

```
{[index][:]}[[fill]align][sign][#][0][width][,][.precision][type]}
```

创建模板的参数说明如下。

(1)[ ]：可选参数，标记，在代码中不需要写出。

(2)index：可选参数，指定要设置格式的对象在参数列表中的索引位置。

(3)fill：可选参数，指定空白处填充的字符。

(4)align：可选参数，指定对齐方式，如表6-11所示。

表6-11　对齐方式

符号	说明
^	居中
<	左对齐
>	右对齐
:	后面带填充的字符，只能是一个字符，不指定则默认用空格填充

(5)sign：可选参数，指定数字正负号显示方式，如表6-12所示。

表6-12　数字正负号显示方式

符号	说明
+	在正数前显示+
-	在负数前显示-
(空格)	在正数前加空格

(6)#：可选参数，自动显示进制类型，如表6-13所示，如0b、0o、0x。

表6-13　进制类型

符号	说明
b	二进制
d	十进制
o	八进制
x	十六进制
{}	转义大括号

(7)0：可选参数，若width未指定，自动填充0。

(8)width：可选参数，定义字符串所占最小宽度。

(9),：可选参数，千位分隔符。

(10).precision：可选参数，指定数值精度、小数点保留位数。

(11)type：可选参数，指定字符串输出类型。

2. 显示格式函数

在实际开发中，数据类型有多种显示方式，如货币形式、百分比形式等。format 函数不仅可以传递基本数据类型，而且可以传递对象。其调用格式如下。

```
str. format(* args,* * kwarg)
```

其中，参数说明如下。

(1) str：模板，用于指定字符串的控制格式。每个替换域可以包含一个位置参数的数字索引，或者一个关键字参数的名称。

(2) * args：位置参数，用于指定要转换的项，也就是为替换域指定具体值。如果替换域中指定了位置参数，则通过位置参数指定；如果使用关键字参数，则通过关键字参数指定。

(3) * * kwarg：关键字参数。

实例 定义一个保存电影信息的字符串模板，并应用该模板输出不同格式的信息

PyCharm 程序如下。

```
#! /usr/bin/env python3
# -* - coding: UTF-8 -* -
#定义模板
film = '编号:{:0>9s} \t 电影名称:  {:s} \t 英文:{:s}'
#转换格式
film_1 = film. format('1','肖申克的救赎','The Shawshank Redemption')
film_2 = film. format('2','狮子王','The Lion King')
#输出结果
print (film_1)
print (film_2)
```

扫码看视频

运行结果如下。

```
编号:000000001 电影名称:  肖申克的救赎 英文:The Shawshank Redemption
编号:000000002 电影名称:  狮子王 英文:The Lion King
```

实例 输出以金字塔形式排列的字符

PyCharm 程序如下。

```
#! /usr/bin/env python3
# -* - coding: UTF-8 -* -
#定义模板
f = '{: ^20}'
#转换格式
f_1 = f. format('1')
f_2 = f. format('222')
```

扫码看视频

```
f_3 = f. format('3' *  5)
f_4 = f. format('4' *  7)
f_5 = f. format('5' *  9)
f_6 = f. format('6' *  11)
#输出结果
print (f_1)
print (f_2)
print (f_3)
print (f_4)
print (f_5)
print (f_6)
```

运行结果如下。

```
          1
         222
        33333
       4444444
      555555555
     66666666666
```

实例　输出字符图案

PyCharm 程序如下。

扫码看视频

```
#! /usr/bin/env python3
# -*- coding: UTF-8 -*-
#定义模板,转换格式
f_1 = '{:* ^20s}'. format('a')
f_2 = '{:* <20s}'. format('a')
f_3 = '{:* >20s}'. format('a')
f_4 = '{:* ^20s}'. format('a')
f_5 = '{:* <20s}'. format('a')
#输出格式转换结果
print ('字符串格式转换')
print (f_1)
print (f_2)
print (f_3)
print (f_4)
print (f_5)
#字符串操作输出结果
print ('字符串操作')
print ('a'. center(20,"* "))
print ('a'. ljust(20,"* "))
print ('a'. rjust(20,"* "))
print ('a'. center(20,"* "))
print ('a'. ljust(20,"* "))
```

运行结果如下。

```
字符串格式转换
* * * * * * * * * a* * * * * * * * * *
a* * * * * * * * * * * * * * * * * * *
* * * * * * * * * * * * * * * * * * * a
* * * * * * * * * a* * * * * * * * * *
a* * * * * * * * * * * * * * * * * * *
字符串操作
* * * * * * * * * a* * * * * * * * * *
a* * * * * * * * * * * * * * * * * * *
* * * * * * * * * * * * * * * * * * * a
* * * * * * * * * a* * * * * * * * * *
a* * * * * * * * * * * * * * * * * * *
```

任务评价

评价内容	评价标准	分值	自评	师评
字符串索引与切片	掌握字符串索引的定义和字符串切片功能函数	15		
字符操作	掌握字符操作相关的函数	15		
字符串比较	掌握字符串比较函数	10		
字符串判断	掌握字符串判断函数	15		
字符串查找	掌握字符串查找函数	15		
字符串编/解码	掌握字符串编/解码常用的编码格式	15		
字符串格式化	掌握字符串格式化的定义	15		
总分		100		

任务 3　创建正则表达式

任务描述

师兄发现小白使用 Python 修改文档后，告诉小白可以使用 re 模块。那么，re 模块与 Python 的一般内置函数有什么区别？re 模块有什么用途？

任务分析

本任务首先介绍正则表达式；其次介绍使用正则表达式的一般步骤。通过遵循这些步骤，即使面对复杂的文本处理任务，也能够有条不紊地使用正则表达式进行高效而准确的操作。

任务重点与实施

正则表达式(regular expression，RE)是对字符串进行操作的一种逻辑公式，就是用事先定义好的一些特定字符及这些特定字符的组合，组成一个“规则字符串”，这个“规则字符串”用来表达对字符串的一种过滤逻辑。

6.3.1　正则表达式引入

正则表达式是处理字符串的强大工具，拥有自己独特的语法和处理引擎。它在许多语言中都可以使用，并不是 Python 的一部分。

借助正则表达式，可以通过简单的办法实现强大的功能。最简单的应用是使用?和 * 通配符来查找硬盘上的文件。? 通配符验证文件名中的零个或一个字符，而 * 通配符验证零个、一个或多个字符。

在资源管理器的搜索框中输入 *. dat，按【Enter】键，搜索后缀名为 dat 的文件，如图 6-2 所示。此时可以将 *. dat 理解为一个简单的正则表达式。

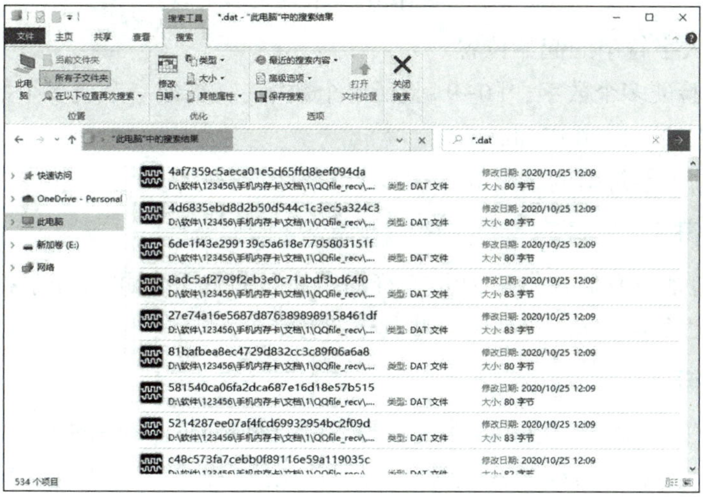

图 6-2　搜索文件

使用 ? 字符代替 * 字符，查找与?. dat 匹配的所有文件和文件夹，可以看到结果数量增多，如图 6-3 所示。尽管这种搜索方法很有用，但功能还是有限。

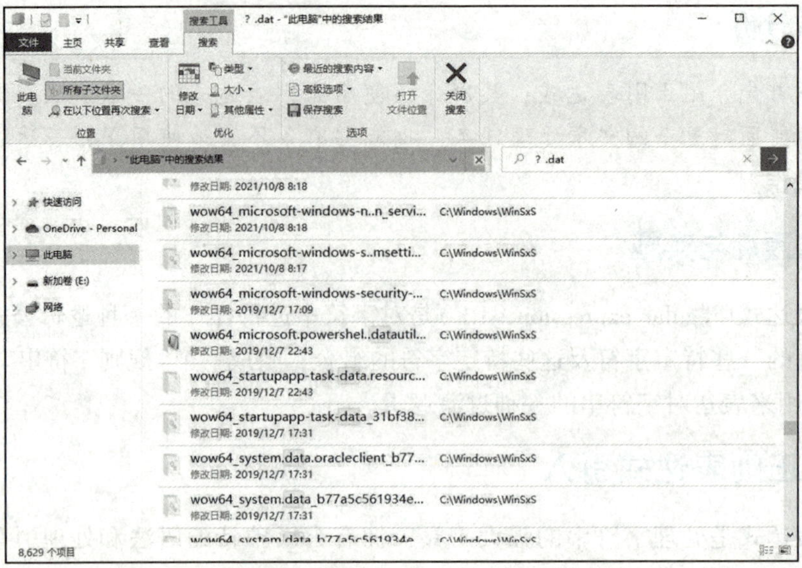

图 6-3　搜索文件和文件夹

正则表达式是由普通字符(如字符 a ~ z)、特殊字符(称为“元字符”)等组成的文字模式，描述了一种字符串验证模式，可以用来检查一个字符串中是否含有某种子字符串、将验证的子字符串替换掉或者从某个字符串中取出符合某个条件的子字符串等。

例如：

^[0-9]+abc $

^：验证输入字符串的起始位置。

[0-9]+：验证多个数字，[0-9]验证单个数字，+验证一个或多个数字。

abc：验证字母 abc 并以 abc 结尾。

$：验证输入字符串的结束位置。

1. 普通字符

普通字符包括没有显式指定为元字符的所有可打印和不可打印字符，包括所有大写和小写字母、数字、标点符号和一些其他符号。

2. 特殊字符

所谓特殊字符，就是一些有特殊含义的字符，如 runoo * b 中的 *，简单地说就是表示任何字符串。若要验证这些特殊字符，必须首先使字符转义，即将反斜杠(\)放在前面。例如，如果要查找字符串中的 * 符号，则需要对 * 进行转义，在其前加一个 \，即用 runo\ * ob 验证字符串 runo * ob。

表 6-14 列出了正则表达式中特殊字符的转义方法。

表 6-14　正则表达式中特殊字符的转义方法

字符	转义方法
$	验证输入字符串的结束位置。如果设置了 RegExp 对象的 Multiline 属性，则 $ 也验证 \ n 或 \ r。要验证 $ 字符，使用 \ $
( )	标记一个子表达式的开始和结束位置。子表达式可以获取，供以后使用。要验证这些字符，使用 \ (和 \ )
*	验证前面的子表达式零次、一次或多次。要验证 * 字符，使用 \ *
+	验证前面的子表达式一次或多次。要验证+字符，使用 \ +
.	验证除换行符(\ n)之外的任何单字符。要验证 . 字符，使用 \ .
[	标记一个中括号表达式的开始。要验证[, 使用 \ [
?	验证前面的子表达式零次或一次，或指明一个非贪婪限定符。要验证? 字符，使用 \ ?
\	将下一个字符标记为特殊字符、原义字符、向后引用或八进制转义符。例如，n 验证字符 n，\ n 验证换行符；\ \ 验证 \ ，而 \ (则验证(
^	验证输入字符串的起始位置；当该符号在方括号表达式中使用时，表示不接受该方括号表达式中的字符集合。要验证^字符，使用 \ ^
{	标记限定符表达式的开始。要验证{字符，使用 \ {
|	指明两项之间的一个选择。要验证 | 字符，使用 \ |

限定符用来指定正则表达式的一个给定组件必须出现多少次才能满足验证，包括以下 6 种，具体含义如表 6-15 所示。

表 6-15　正则表达式限定符

字符	说明
*	验证前面的子表达式零次、一次或多次。例如，zo * 能验证 z 和 zoo。 * 等价于{0,}
+	验证前面的子表达式一次或多次。例如，zo+能验证 zo 和 zoo，但不能验证 z。+等价于{1,}
?	验证前面的子表达式零次或一次。例如，do(es)? 可以验证 do、does 中的 does、doxy 中的 do。? 等价于{0, 1}
{n}	n 是一个非负整数，验证 n 次。例如，o{2}不能验证 Bob 中的 o，但能验证 food 中的两个 o
{n,}	n 是一个非负整数，至少验证 n 次。例如，o{2,}不能验证 Bob 中的 o，但能验证 foooood 中的所有 o。o{1,}等价于 o+，o{0,}则等价于 o *
{n, m}	m 和 n 均为非负整数，其中 n≤m，最少验证 n 次且最多验证 m 次。例如，o{1, 3}能验证 fooooood 中的前 3 个 o。o{0, 1}等价于 o?。注意，逗号和两个数之间不能有空格

6.3.2 使用正则表达式的一般步骤

在 Python 中，使用正则表达式的一般步骤如下。

(1)根据正则表达式的语法创建正则表达式字符串，即模式字符串。

(2)将正则表达式字符串编译为 re. Pattern(模式)实例。

(3)使用 Pattern 对象或 re 模块[如果使用该方法，则步骤(2)可以省略]处理文本并获得验证结果，验证结果为一个 Match(验证)对象。

(4)通过 Match 对象提供的相应属性和方法获得信息。

下面对其中的部分步骤进行介绍。

1. 创建模式字符串

模式是正则表达式的基本元素，它是一组描述字符串特征的字符。模式可以很简单，由普通的字符串组成；也可以非常复杂，用特殊字符表示一个范围内的字符、重复出现，或表示上下文。

在 Python 中使用正则表达式时，是将其作为模式字符串使用的。例如，将验证一个大写字母的正则表达式表示为模式字符串，可以使用引号定界符将其引起来。

```
'[TA-z]'
```

注意

> 在创建模式字符串时，可以使用单引号、双引号或三引号，但建议使用单引号，不建议使用三引号。

如果将验证以字母 m 开头的单词的正则表达式转换为模式字符串，则不能直接在其两侧添加引号。例如，下面的代码是不正确的。

```
'\bm\w* \b'
```

需要进行转义。

```
'\\bm\\w* \\b'
```

由于模式字符串中可能包括大量的特殊字符和反斜杠，所以需要改写为原生字符串，即在模式字符串前加 r 或 R。例如，上面的模式字符串可采用原生字符串的形式表示。

```
r'\bm\w* \b'
```

注意

在编写模式字符串时，并不是所有的反斜杠都需要进行转义。例如，正则表达式^\d{8}$中的反斜杠就不需要转义，因为其中的\d并没有特殊意义。不过，为了编写方便，本书中的正则表达式都用原生字符串表示。

2. 使用 re 模块创建正则表达式

创建正则表达式的方法和创建数学表达式的方法一样，可以用多种元字符与运算符将小的表达式结合在一起。正则表达式的组件可以是单个字符、字符集合、字符范围、字符间的选择或者所有这些组件的任意组合。

Python 提供了 re 模块，用于实现正则表达式的操作，具体步骤如下。

使用 re 模块的 compile 函数将模式字符串转换为 Pattern 对象。使用该对象提供的方法进行字符串处理，也可以直接使用 re 模块提供的方法。

(1)在使用 re 模块时，需要先通过 import 函数导入。例如：

```
import re
```

如果在使用 re 模块时，未将其导入，显示警告信息。

```
Traceback (most recent call last):
  File "D:\pythonProject\Python file 01. py", line 2, in <module>
    re
NameError: name 're' is not defined
```

(2)将模式字符串转换为 Pattern 对象。使用 compile 函数将正则表达式字符串(模式字符串)转换为 Pattern 对象，该对象拥有一系列方法用于正则表达式验证和替换。其调用格式如下。

```
re. compile(strPattern,flag)
```

re 模块创建正则表达式的参数说明如下。

① strPattern：模式字符串。

② flag：可选参数，表示标志位，用于控制验证方式。

③ 返回值：Pattern 对象，用于验证字符串。

常用的标志位符号调用格式如表 6-16 所示。

表 6-16　常用的标志位符号调用格式

调用格式	说明
a | b	验证 a 或 b
(re)	验证括号内的表达式，也表示一个组
(? imx)	正则表达式包含 3 种可选标志：i、m 或 x。只影响括号中的区域

(续表)

调用格式	说明
(? -imx)	正则表达式关闭 i、m 或 x 可选标志。只影响括号中的区域
(?: re)	类似于(...)，但是不表示一个组
(? imx: re)	在括号中使用 i、m 或 x 可选标志
(? -imx: re)	在括号中不使用 i、m 或 x 可选标志
(? #...)	注释
(? = re)	前向肯定定界符。如果所含正则表达式以 ... 表示，则在当前位置验证时成功，否则失败。一旦所含表达式已经尝试，验证没有成功，模式的剩余部分还要尝试定界符的右边
(?! re)	前向否定定界符。与前向肯定定界符相反；当所含表达式不能在字符串当前位置验证时成功
(? > re)	验证的独立模式，省去回溯

任务评价

评价内容	评价标准	分值	自评	师评
正则表达式引入	掌握正则表达式的定义	40		
使用正则表达式的一般步骤	掌握使用正则表达式的一般步骤	60		
总分		100		

任务 4　使用正则表达式进行字符串操作

任务描述

小白使用 re 模块进行文档的修改后进度加快。那么，Python 中如何使用正则表达式进行查找与替换？正则表达式还有什么功能？

任务分析

通过本任务的学习，读者能够掌握字符串查找的方法可以在大量文本数据中快速定位关键信息，提高数据处理的效率；掌握字符串替换方法可以更高效地处理文本数据和编程任务，提高工作效率和质量；掌握将文本分割成更小的单元，可以简化处理过程，提高数据处理的效率和准确性。

任务重点与实施

正则表达式通过特殊字符+普通字符来进行模式描述，从而达到文本验证目的，目前被集成到了各种文本编辑器/文本处理工具当中。正则表达式字符串的处理方法包括查找、替换、分割。

6.4.1　字符串查找

字符串查找可以使用 Pattern 对象或 re 模块提供的 match、search、findall 和 finditer 等函数查找。下面以 re 模块的方法为例分别进行介绍。

1. 使用 match 函数进行查找

match 函数用于从字符串的起始位置进行查找，如果在起始位置查找成功，则返回 Match 对象，否则返回 None。其调用格式如下。

```
re. match(pattern, string, flags)
```

match 函数进行查找的参数说明如下。

(1) pattern：模式字符串，由要查找的正则表达式转换而来。

(2) string：要查找的字符串。

(3) flags：标志位，用于控制查找方式，如是否区分字母大小写。

可选的标志位符号调用格式如表 6-17 所示。

表 6-17　可选的标志位符号调用格式

调用格式	说明
re. I	不区分字母大小写
re. L	区分本地化识别(local-aware)
re. M	区分多行符号^和 $
re. S	区分包括换行符在内的所有字符
re. U	根据 Unicode 字符集解析字符，包括\ w、\ W、\ b、\ B 等
re. X	更灵活的格式

实例 查找字符

PyCharm 程序如下。

```
#! /usr/bin/env python3
# -*- coding: UTF-8 -*-
import re      #导入 re 模块
print(re.match('小明','小明去上学'))          # 在起始位置查找
print(re.match('小白','小明去上学'))          # 在起始位置查找
```

扫码看视频

运行结果如下。

```
<re.Match object; span=(0, 2), match='小明'>
None
```

如查找字符串是否以 mr_开头，不区分字母大小写。

实例 查找大小写字符

PyCharm 程序如下。

```
#! /usr/bin/env python3
# -*- coding: UTF-8 -*-
import re      #导入 re 模块
pattern = r'HTT\w+'                          #查找以 HTT 开头的字符
string = 'https://www.phei.com.cn/           #要查找的字符串
#在起始位置设置查找格式
match_1 = re.match(pattern, string, re.I)    #不区分字母大小写
match_2 = re.match(pattern, string)          #区分字母大小写
#输出查找信息
print(match_1)
print(match_2)
```

扫码看视频

运行结果如下。

```
<re.Match object; span=(0, 5), match='https'>
None
```

2. 使用 search 函数进行查找

search 函数用于从整个字符串查找，如果在起始位置查找成功，则返回 Match 对象，否则返回 None。其调用格式如下。

```
re.search (pattern, string, flags)
```

search 函数进行查找的参数说明如下。

(1) pattern：模式字符串，由要查找的正则表达式转换而来。

(2) string：要查找的字符串。

(3) flags：标志位，用于控制查找方式，如是否区分字母大小写。

实例　查找整个字符串

PyCharm 程序如下。

扫码看视频

```
#! /usr/bin/env python3
# -* - coding: UTF-8 -* -
import re      #导入 re 模块
pattern = r'Ab\w+'                                    #要查找的
字符
string = 'Absolutely Anything And Anything At All'    #要查找的字
符串
#设置查找格式
search = re.search(pattern, string, re.I)             #不区分字母
大小写
#输出查找信息
print('查找结果:','\n',search)
```

运行结果如下。

```
<re.Match object; span=(0, 10), match='Absolutely'>
```

3. 使用 findall 函数进行查找

findall 函数用于在字符串中找到正则表达式所查找的所有子字符串，并返回一个列表，如果有多个查找模式，则返回元组列表，如果没有查找到，则返回空列表。其调用格式如下。

```
re.findall (pattern, string, flags)
```

或

```
pattern.findall(string[, pos[, endpos]])
```

其中，参数说明如下。

(1) pattern：模式字符串，由要查找的正则表达式转换而来。

(2) string：要查找的字符串。

(3) flags：标志位，用于控制查找方式，如是否区分字母大小写。

(4) pos：可选参数，指定字符串的起始位置，默认为 0。

(5) endpos：可选参数，指定字符串的结束位置，默认为字符串的长度。

实例　查找多个字符

PyCharm 程序如下。

扫码看视频

```
#! /usr/bin/env python3
# -* - coding: UTF-8 -* -
import re      #导入 re 模块
pattern = r'(s\w+)|(f\w+)'                                    #要查找的多
个字符
string = 'Summer flowers 生如夏花'                             # 要查找的字
符串
#设置查找格式
search = re. findall(pattern, string, re. I)                   #不区分字母大
小写
#输出查找信息
print('查找结果:','\n',search)
```

运行结果如下。

```
[('Summer', ''), ('', 'flowers')]
```

4. 使用 finditer 函数进行查找

finditer 函数用于在字符串中找到正则表达式所查找的所有子字符串，并把它们作为一个迭代器返回。其调用格式如下。

```
re. finditer (pattern, string, flags)
```

finditer 函数进行查找的参数说明如下。

(1) pattern：模式字符串，由要查找的正则表达式转换而来。

(2) string：要查找的字符串。

(3) flags：标志位，用于控制查找方式，如是否区分字母大小写。

实例 查找字符并迭代对象

PyCharm 程序如下。

扫码看视频

```
#! /usr/bin/env python3
# -* - coding: UTF-8 -* -
import re      #导入 re 模块
pattern = r'(s\w+)|(f\w+)'                                    #要查找的多
个字符
string = 'Summer flowers 生如夏花'                             # 要查找的字
符串
#设置查找格式
search = re. finditer(pattern, string, re. I)                  #不区分字母大
小写
#输出查找信息
print('查找结果:','\n',search)
```

运行结果如下。

```
<callable_iterator object at 0x000001C46BACCE80>
```

从上面的结果中可以看出，finditer 函数的返回值为迭代对象，该迭代对象为 Match 对象。

6.4.2 字符串替换

Python 利用 sub 函数对指定格式的文本进行正则表达式验证查找，查找到之后进行特定替换。其调用格式如下。

```
re. sub (pattern, repl, string, count, flags)
```

字符串替换参数说明如下。

(1) pattern：模式字符串，由要查找的正则表达式转换而来。

(2) repl：要替换的字符串。

(3) string：要查找的字符串。

(4) count：替换的最大次数，默认为 0，表示替换所有查找到的选项。

(5) flags：标志位，用于控制查找方式，如是否区分字母大小写、多行查找等。

实例 替换字符

PyCharm 程序如下。

扫码看视频

```
#! /usr/bin/env python3
# -* - coding: UTF-8 -* -
import re      #导入 re 模块
pattern = '2. 6'                    #要查找的字符
repl = '3. 10'                      #要替换的字符串
string = 'Python 2. 6 安装'* 5      # 要查找的字符串
#定义替换次数
count_1 = 2
count_2 = 3
#替换设计
search_1 = re. sub (pattern, repl, string, count_1)   #替换两次
search_2 = re. sub (pattern, repl, string, count_2)   #替换三次
#输出查找信息
print('替换前：','\n',string, '\n','替换次数为',count_1,'\n', \
      search_1,'\n','替换次数为',count_2,'\n',search_2)
```

运行结果如下。

```
替换前：
Python 2. 6 安装 Python 2. 6 安装 Python 2. 6 安装 Python 2. 6 安装 Python 2. 6 安装
替换次数为 2
```

```
Python 3. 10 安装 Python 3. 10 安装 Python 2. 6 安装 Python 2. 6 安装 Python 2. 6 安装
替换次数为 3
Python 3. 10 安装 Python 3. 10 安装 Python 3. 10 安装 Python 2. 6 安装 Python 2. 6 安装
```

6.4.3 字符串分割

split 函数根据查找的子字符串将字符串分割后返回列表。其调用格式如下。

```
re. split(pattern, string[, maxsplit =0, flags =0])
```

字符串分割参数说明如下。

(1) pattern：模式字符串，由要查找的正则表达式转换而来。

(2) string：要查找的字符串。

(3) maxsplit：分割次数，默认为 0，不限制次数，如 maxsplit=1 表示分割一次。

(4) flags：标志位，控制正则表达式的查找方式，如是否区分字母大小写、多行查找等。

实例 分割字符串

PyCharm 程序如下。

扫码看视频

```
#! /usr/bin/env python3
# -* - coding: UTF-8 -* -
import re      #导入 re 模块
pattern = ' '                  #定义空格字符
string = 'Hi Marry '* 5        #要查找的字符串
#定义分割次数
maxsplit_1 = 2
maxsplit_2 = 3
#分割设置
s_1 = re. split (pattern, string, maxsplit_1) #分割两次
s_2 = re. split (pattern, string, maxsplit_2) #分割三次
#输出分割信息
print('分割前:' ,'\n',string, '\n','分割次数为',maxsplit_1,'\n', \
      s_1,'\n','分割次数为',maxsplit_2,'\n',s_2)
```

运行结果如下。

```
分割前:
Hi Marry Hi Marry Hi Marry Hi Marry Hi Marry
分割次数为 2
['Hi', 'Marry', 'Hi Marry Hi Marry Hi Marry Hi Marry ']
分割次数为 3
['Hi', 'Marry', 'Hi', 'Marry Hi Marry Hi Marry Hi Marry ']
```

任务评价

评价内容	评价标准	分值	自评	师评
字符串查找	掌握字符串查找方法	40		
字符串替换	掌握字符串替换方法	40		
字符串分割	掌握字符串分割方法	20		
总分		100		

项目小结

本项目主要介绍了字符串的运算方法。首先介绍了定义字符串；其次介绍了字符串的基本属性函数；最后介绍了创建正则表达式和使用正则表达式对字符串进行操作。通过本项目的学习，读者能够深入理解了字符串这一重要数据类型，并掌握其在编程中的实际应用。在未来的编程实践中，读者可以继续深入探索字符串的高级特性和应用场景，结合其他数据类型和编程技术，创造出更加高效和强大的程序。

项目习题

一、选择题

1. 在 Python 中，以下哪种方式不能创建字符串？（　　）

A. 用一对单引号括起来

B. 用一对双引号括起来

C. 用一对三引号括起来

D. 用一对括号括起来

2. Python 中的 repr 函数的作用是？（　　）

A. 将对象转换为整数

B. 将对象转换为供解释器读取的字符串

C. 将对象转换为浮点数

D. 将对象转换为列表

3. 以下哪个是原始字符串的标志？（　　）

A. 在字符串第一个引号前加字母 t

B. 在字符串第一个引号前加字母 r

C. 在字符串第一个引号前加字母 s

D. 在字符串第一个引号前加字母 q

4. 在 Python 中，字符串中第一个字符的左侧索引是多少？（　　）

A. −1　　　　B. 0　　　　C. 1　　　　D. 2

5. 在 Python 中，以下哪种方法不可以用于字符串拼接？(　　)

A. 使用减号(-)　　　　B. 使用加号(+)

C. 使用逗号(,)　　　　D. 使用 join 函数

6. 在 Python 中，字符串实际上比较的是什么？(　　)

A. 字符串的长度

B. 字符串的内容

C. 字符对应的 ASCII 码值

D. 字符串的存储地址

7. String 类提供的查找字符串的方法有哪些？(　　)

A. search 和 find　　　　B. index 和 search

C. index 和 find　　　　D. locate 和 find

8. 在 Python 内部字符串以什么编码表示？(　　)

A. ASCII　　　　B. GBK

C. Unicode　　　　D. UTF-8

9. 创建格式化字符串模板时，占位符使用什么符号标记？(　　)

A. ( )　　　　B. [ ]　　　　C. { }　　　　D. < >

10. 在正则表达式中，“?”通配符的作用是？(　　)

A. 验证文件名中的多个字符

B. 验证文件名中的零个或一个字符

C. 验证文件名中的一个字符

D. 验证文件名中的至少一个字符

11. 在 Python 中使用正则表达式，首先要做的是？(　　)

A. 直接处理文本　　　　B. 创建正则表达式字符串

C. 编译为模式实例　　　　D. 获得验证结果

12. 以下哪个函数用于从字符串的起始位置进行查找，若查找成功返回 Match 对象，否则返回 None？(　　)

A. findall 函数　　　　B. search 函数

C. match 函数　　　　D. finditer 函数

13. 在 Python 中，哪个函数用于对指定格式的文本进行正则表达式验证查找并替换？(　　)

A. replace 函数　　　　B. sub 函数

C. change 函数　　　　D. modify 函数

二、上机操作题

1. 修改产品说明书。

某产品说明书英文部分出现了字符错误(其他错误忽略)，使用 Python 进行内容替换，产品说明书如图 6-4 所示，运行结果如图 6-5 所示。

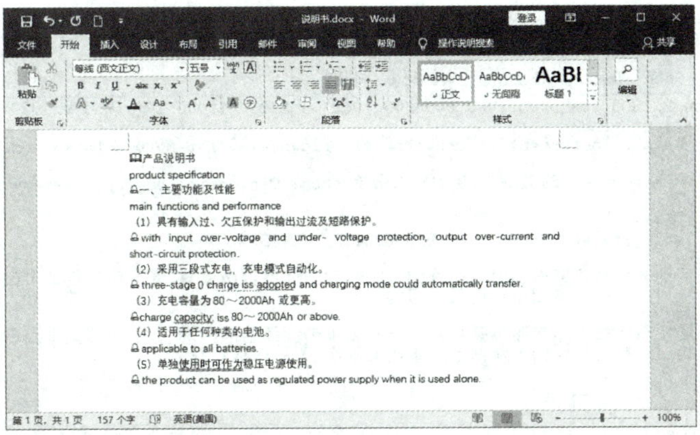

图 6-4 产品说明书

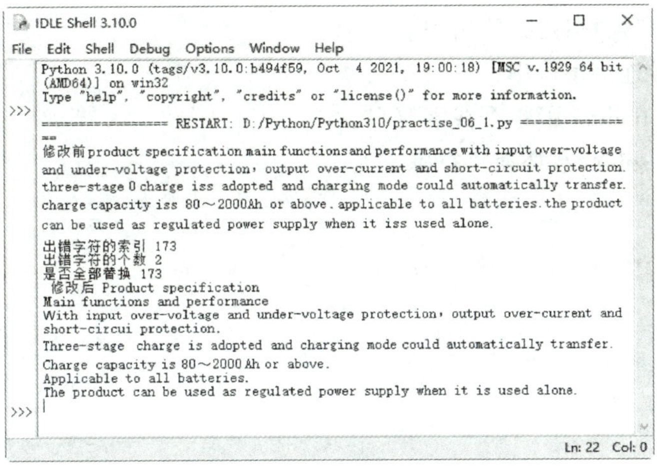

图 6-5 运行结果(1)

(1) 使用单引号直接定义字符串。

(2) 使用加号连接字符串。

(3) 使用 s. capitalize 函数使字符串首字母大写。

(4) 使用 s. strip 函数左右检测，若有 0 则删除。

(5) 使用 s. replace 函数换行。

(6) 使用 s. find 函数查找 iss。

(7) 使用 s. count 函数查找 iss 并计数。

(8) 使用 s. replace 函数替换字符串。

(9) 使用 s. index 函数查找字符串是否存在。

2. 修改促销活动广告词。

商场十一国庆节促销活动需要使用广告词，将五一劳动节促销活动广告词进行替换修改后使用，运行结果如图 6-6 所示。

(1) 导入 re 模块。

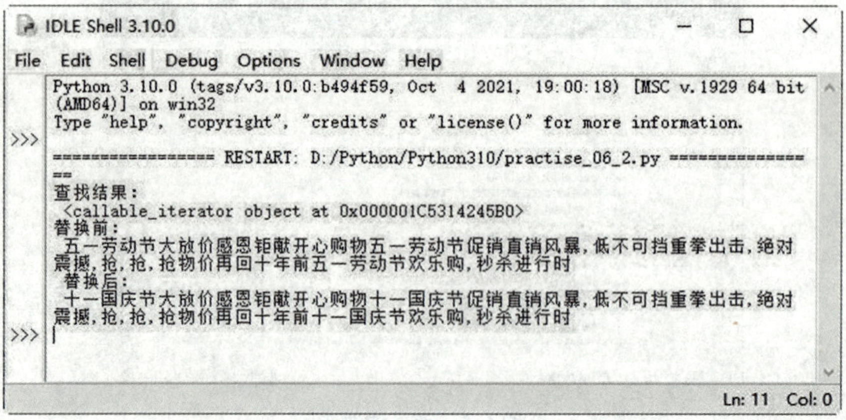

图 6-6 运行结果(2)

(2)使用单引号直接定义字符串。

(3)使用加号连接字符串。

(4)使用 re. finditer 函数查找字符串。

(5)使用 re. sub 函数替换字符串。

项目7 序列运算

项目导读

在数学术语中，序列又称数列，是指按照一定顺序排列的一列数。在程序设计中，序列是一种常用的数据存储格式。Python 内置丰富的数据类型，与 Java、C++相比，这些数据类型能有效地减少代码的长度。在 Python 中，序列类型包括字符串、列表、集合、元组和字典。

学习目标

◆ 知识目标

- 了解序列的分类。
- 能够创建列表、集合、元组和字典。
- 熟练掌握序列的索引、切片、统计与压缩等操作。

◆ 技能目标

- 深入理解列表、集合、元组和字典的概念、特点和区别，能够根据具体需求，熟练使用正确的语法定义和初始化。
- 通过分析和比较不同序列类型的操作，培养读者严密的逻辑思维能力，学会在编程中做出合理的选择。

◆ 素质目标

- 培养读者理解序列类型作为数据抽象的概念，学会将复杂问题简化为对序列的操作，提高编程效率。
- 鼓励读者尝试将序列类型应用于不同领域，探索新的应用场景和解决方案，培养创新思维。

◆ 思政目标

- 培养读者的逻辑分析和问题解决能力，激发读者对科技创新的热情。
- 增强读者的法律意识和道德责任感。

任务1 列 表

任务描述

期末考试结束后，小白使用 Python 创建列表，对整个学期的课程与成绩进行了总结。那么，Python 如何定义列表？列表又有哪些操作？

任务分析

本任务详细介绍列表的相关操作，包含创建列表、在列表中添加元素、删除列表中的元素、修改列表中的元素、列表元素的统计和列表元素的排列。列表是 Python 中非常基础且常用的数据类型，掌握其各种操作能够让读者更好地理解和运用 Python 语言进行编程。

任务重点与实施

列表(List)是 Python 中使用频繁的数据类型，可以完成大多数集合类的数据结构实现，支持字符、数字、字符串甚至可以包含列表(嵌套)。

7.1.1 创建列表

Python 列表是任意元素的有序集合，通常用中括号([ ])创建，元素之间用逗号隔开。

1. 列表定义

这里的任意元素，既可以是列表嵌套列表，也可以是字符串。例如：

```
>>> squares = [1, 2, 9, 16, 25, 1]
>>> squares
[1, 2, 9, 16, 25, 1]
>>> student = ['name',['Wang','Li'],'Age',[20, 23]]
>>> student
['name', ['Wang', 'Li'], 'Age', [20, 23]]
```

实例 创建与删除列表

Python 程序如下。

扫码看视频

```
>>> A=[1,2,3,4]                #创建列表变量 A
>>> C='efg'                    #创建字符变量 C
>>> D=2                        #创建数值变量 D
>>> E=[A,C,D]                  #创建列表变量 E
>>> E                          #显示列表变量 E
[[1, 2, 3, 4], 'efg', 2]
>>> E[2]                       #显示列表变量 E 中索引为 2 的元素,即第 3 个元素
2
```

2. 列表复制

Python 利用 copy 函数复制列表中的所有元素，并显示出来。其调用格式如下。

```
list. copy()
```

例如：

```
>>> student. copy()
['name', ['Wang', 'Li'], 'Age', [20, 23]]
```

3. 列表索引与切片

可以用变量[头下标：尾下标]截取相应的列表。每个 list 变量中的元素从 0 开始计数，若从左向右索引，默认 0 为头下标；从右向左索引，默认-1 为头下标。尾下标可以为空，表示取到头或尾。例如：

```
>>> student[1]
['Wang', 'Li']
>>> student[0]
'name'
>>> student[-1]
[20, 23]
```

提示

Python 有自动补全功能，选中目标方法或函数，按 Tab 键即可快速输入，如图 7-1 所示。

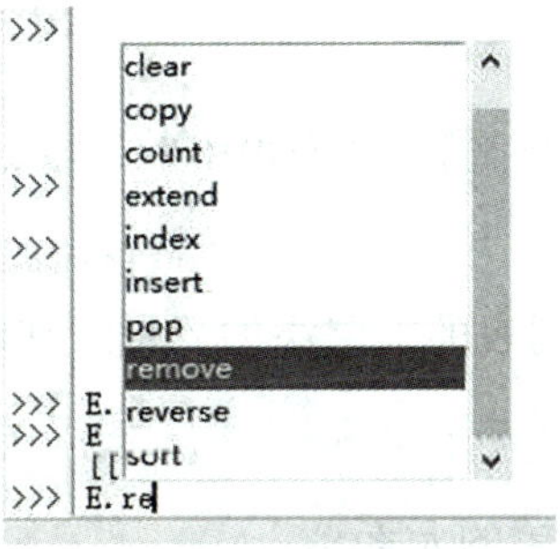

图 7-1　Python 自动补全功能

4. 整数列表创建

range 函数又称区间函数，可以创建一个整数列表，但该函数返回的是一个可迭代对象(类型是对象)，而不是列表类型，数据类型为 range。其调用格式如下。

```
range(start, stop[, step])
```

整数列表创建参数说明如下。

(1)start：从 start 开始计数。默认为从 0 开始。例如，range(5)等价于 range(0, 5)。

(2)stop：到 stop 结束计数，但不包括 stop。例如，range(0, 5)是[0, 1, 2, 3, 4]，没有 5。

(3)step：步长，默认为 1。例如，range(0, 5)等价于 range(0, 5, 1)。

例如：

```
>>> range(10)      #从 0 到 10(不包括 10)
[0, 1, 2, 3, 4, 5, 6, 7, 8, 9]
>>> range(1, 11)      #从 1 到 11(不包括 11)
[1, 2, 3, 4, 5, 6, 7, 8, 9, 10]
>>> range(0, 30, 5)      #步长为 5
[0, 5, 10, 15, 20, 25]
>>> range(0, 10, 3)      #步长为 3
[0, 3, 6, 9]
>>> range(0, -10, -1)      #负数
[0, -1, -2, -3, -4, -5, -6, -7, -8, -9]
>>> range(0)
[]
>>> range(1, 0)
[]
```

7.1.2 在列表中添加元素

元素是序列的基本组成部分。列表的数据项不需要具有相同的类型，在列表中可以添加任何类型的元素。

1. 连接列表

加号(+)用于连接两个或多个列表中的元素，星号(*)用于创建重复列表。

2. 在末尾添加元素

append 函数用来在列表的末尾添加元素。其调用格式如下。

```
list.append(obj)
```

obj 为添加到列表末尾的元素。

实例　在列表中添加元素

PyCharm 程序如下。

```
#! /usr/bin/env python3
# -* - coding: UTF-8 -* -
#定义列表数据
list_0 = ['高三裕华区联考成绩单']
list_1 = ['语文','数学',100,150]
list_2 = ['化学','物理',95,82]
list_3 = ['英语','历史',120,90]
list_4 = ['地理','政治']
list_5 = [60,80]
#将列表 4 的元素添加到列表 1
list_1. append(list_4)
#输出列表
print(list_0)
print(list_1 + list_2 + list_3 + list_4 + list_5)
print(list_0,'\n', list_1)
```

扫码看视频

运行结果如下。

```
['高三裕华区联考成绩单']
['语文', '数学', 100, 150, ['地理', '政治'], '化学', '物理', 95, 82, '英语', '历史', 120, 90, '地理', '政治', 60, 80]
['高三裕华区联考成绩单']
['语文', '数学', 100, 150, ['地理', '政治']]
```

3. 插入元素

insert 函数用来将指定元素插入列表的指定位置。其调用格式如下。

```
list. insert(index, obj)
```

插入元素参数说明如下。

(1) index：元素 obj 需要插入的索引位置。

(2) obj：要插入列表中的元素。

实例　插入元素

PyCharm 程序如下。

```
#! /usr/bin/env python3
# -* - coding: UTF-8 -* -
#定义列表数据
list_1 = ['baidu']* 2                #定义列表
obj = '百度'                         # 定义插入的元素
```

扫码看视频

```
#定义插入索引,插入
list_1. insert(0,obj)
print('在索引 0 处插入:',list_1)        # 输出列表
list_1. insert(2,obj)
print('在索引 2 处插入:',list_1)        # 输出列表
```

运行结果如下。

```
在索引 0 处插入: ['百度', 'baidu', 'baidu']
在索引 2 处插入: ['百度', 'baidu', '百度', 'baidu']
```

7.1.3 删除列表中的元素

1. 利用索引删除

使用 del 函数根据元素索引删除列表中的元素。其调用格式如下。

```
dellist (i)
```

i 为要删除的元素的索引。

实例 将电饭锅十大品牌保存为列表，然后删除“尚朋堂”

PyCharm 程序如下。

```
#! /usr/bin/env python3
# -* - coding: UTF-8 -* -
#定义列表数据
list_1 = ['美的 Midea','松下 Panasonic','苏泊尔 SUPOR','奔腾 POVOS ',\
          '三洋 SANYO','飞利浦 PHILIPS','东芝 Toshiba','格兰仕 Galanz',\
          '九阳 Joyoung','尚朋堂']
#输出列表
print('十大品牌:',list_1)
del list_1[-1]              #在列表 1 中删除索引为-1 的元素
print('删除“尚朋堂”后的品牌:',list_1)
```

扫码看视频

运行结果如下。

```
十大品牌:['美的 Midea', '松下 Panasonic', '苏泊尔 SUPOR', '奔腾 POVOS', '三洋 SANYO', '飞利浦 PHILIPS', '东芝 Toshiba', '格兰仕 Galanz', '九阳 Joyoung', '尚朋堂']
删除“尚朋堂”后的品牌:['美的 Midea', '松下 Panasonic', '苏泊尔 SUPOR', '奔腾 POVOS', '三洋 SANYO', '飞利浦 PHILIPS', '东芝 Toshiba', '格兰仕 Galanz', '九阳 Joyoung']
```

2. 利用元素值删除

如果想删除一个不确定其位置的元素(根据元素值删除)，可以使用列表对象的 remove 函数实现。

实例　将电饭锅十大品牌保存为列表，并根据更新的信息进行添加与删除

PyCharm 程序如下。

扫码看视频

```
#! /usr/bin/env python3
# -* - coding: UTF-8 -* -
#定义列表数据
list_1 = ['美的 Midea','松下 Panasonic','苏泊尔 SUPOR','奔腾 POVOS',\
        '三洋 SANYO','飞利浦 PHILIPS','东芝 Toshiba','格兰仕 Galanz',\
        '九阳 Joyoung','尚朋堂']
#输出列表
print('十大品牌:',list_1)
list_1. remove('尚朋堂')      #在列表中删除元素
list_1. append('半球')      #在列表中添加元素
print('更新后的十大品牌:',list_1)
```

运行结果如下。

```
十大品牌:['美的 Midea', '松下 Panasonic', '苏泊尔 SUPOR', '奔腾 POVOS', '三洋 SANYO', '飞利浦 PHILIPS', '东芝 Toshiba', '格兰仕 Galanz', '九阳 Joyoung', '尚朋堂']
更新后的十大品牌:['美的 Midea', '松下 Panasonic', '苏泊尔 SUPOR', '奔腾 POVOS', '三洋 SANYO', '飞利浦 PHILIPS', '东芝 Toshiba', '格兰仕 Galanz', '九阳 Joyoung', '半球']
```

使用 remove 函数删除元素时，如果指定的元素不存在，将出现异常信息。因此，在使用 remove 函数删除元素前，需要判断该元素是否存在。

Python 中，成员运算符可以用来检查元素是否包含在序列中。

(1)使用 in 关键字检查某元素是否为序列的成员。其调用格式如下。

```
value in sequence
```

value 表示要检查的元素，sequence 表示指定的序列。

(2)not in 用来检查某个元素是否不包含在指定的序列中。其调用格式如下。

```
value not in sequence
```

实例　检查列表元素

PyCharm 程序如下。

扫码看视频

```
#! /usr/bin/env python3
# -* - coding: UTF-8 -* -
#定义列表数据
list_1 = ['baidujituan','jituan']
#检查字符是否包含在列表变量中
print('jituan'in list_1)
print('baidu' not in list_1)
```

```
list_1. remove('jituan')        #在列表中删除元素
print(list_1)
list_1. append('baidu')         #列表中不包含该元素,添加元素
print(list_1)
```

运行结果如下。

```
True
True
['baidujituan']
['baidujituan', 'baidu']
```

3. 删除最后一个元素

删除列表中的元素还包含一个特例，即只能删除最后一个元素。Python 利用 pop 函数删除列表中的一个元素(默认为最后一个元素)，并且返回该元素的值。其调用格式如下。

```
list. pop([index=-1])
```

index 表示要删除的列表元素的索引值，不能超过列表总长度，默认为 index=-1，删除最后一个元素。

4. 删除列表中的所有元素

Python 利用 clear 函数删除列表中的所有元素。其调用格式如下。

```
list. clear
```

实例 删除列表元素

PyCharm 程序如下。

扫码看视频

```
#! /usr/bin/env python3
# -* - coding: UTF-8 -* -
#定义列表数据
list_1 = ['轻轻的我走了',\
         '正如我轻轻的来',\
         '我轻轻的招手',\
         '作别西天的云彩']
print('删除前:',list_1)
#删除列表中的元素
del list_1[2]      #删除索引为 2 的元素
print('索引删除:',list_1)
list_1. remove('轻轻的我走了')      # 在列表中删除指定元素
print('指定删除:',list_1)
list_1. pop()      #在列表中删除最后一个元素
print('最后元素删除:',list_1)
list_1. clear()      #在列表中删除所有元素
print('清空:',list_1)
```

运行结果如下。

```
删除前:['轻轻的我走了','正如我轻轻的来','我轻轻的招手','作别西天的云彩']
索引删除:['轻轻的我走了','正如我轻轻的来','作别西天的云彩']
指定删除:['正如我轻轻的来','作别西天的云彩']
最后元素删除:['正如我轻轻的来']
清空:[]
```

7.1.4 修改列表中的元素

Python 提供了两种修改列表元素的方法，每次可以修改单个元素，也可以修改一组(多个)元素。

1. 修改单个元素

修改单个元素非常简单，直接对元素赋值即可。例如：

```
>>> mylist = ['a','b','f','d']
>>> mylist[0] = 'a1'
>>> mylist
['a1', 'b', 'f', 'd']
```

2. 修改一组元素

Python 支持通过索引、切片给一组元素赋值。在进行这种操作时，如果不指定步长(step 参数)，Python 就不要求新赋值的元素个数与原来的元素个数相同；该操作既可以为列表添加元素，也可以为列表删除元素。例如：

```
>>> mylist = ['a','b','f','d']
>>> mylist[0] = ['a1','a2']
>>> mylist
[['a1', 'a2'], 'b', 'f', 'd']
>>> mylist[0:1] = []
>>> mylist
['b', 'f', 'd']
```

7.1.5 列表元素的统计

下面分别介绍列表元素的两种统计方法。

1. 统计次数

Python 利用 count 函数统计某个元素在列表中出现的次数。其调用格式如下。

```
list. count(obj)
```

obj 是列表中要统计的元素。

2. 统计索引

Python 利用 index 函数从列表中找出某个值第一个匹配项的索引位置。其调用格式如下。

```
list. index(obj)
```

obj 是列表中要统计的元素。

实例 定义手机参数列表并进行统计

PyCharm 程序如下。

扫码看视频

```
#! /usr/bin/env python3
# -* - coding: UTF-8 -* -
#定义列表数据
list_1 = ['屏幕','相机','性能','电池','电池']
print('参数统计:',list_1)
#统计列表中的元素
obj = '电池'     # 定义统计参数
print(obj,'统计次数:',list_1. count(obj))     # 输出参数个数
print(obj,'参数索引:',list_1. index(obj))     # 统计的索引位置
```

运行结果如下。

```
参数统计:['屏幕', '相机', '性能', '电池', '电池']
电池 统计次数: 2
电池 参数索引: 3
```

7.1.6 列表元素的排列

在 Python 中,列表是由一系列按照特定顺序排列的元素,可以按照系统定义的顺序对列表元素进行正向、反向排序。

1. 正向排序

Python 利用 sort 函数对列表元素进行排序。其调用格式如下。

```
list. sort( key=None, reverse=False)
```

2. 反向排序

Python 利用 reverse 函数翻转列表中所有的元素。其调用格式如下。

```
list. reverse()
```

实例 对列表中的元素进行排序

PyCharm 程序如下。

扫码看视频

```
#! /usr/bin/env python3
# -* - coding: UTF-8 -* -
#定义列表数据
```

```
list_1 = ['z','a','b','f','d','e','g','h']
print('原文:',list_1)
#列表中的元素排序
list_1. sort(reverse=True)   #反向排序
print('反向排序:',list_1)
list_1. sort()      #正向排序
print('正向排序: ',list_1)
list_1. reverse()   #反向排序
print('反向排序: ',list_1)
```

运行结果如下。

```
原文:['z', 'a', 'b', 'f', 'd', 'e', 'g', 'h']
反向排序:['z', 'h', 'g', 'f', 'e', 'd', 'b', 'a']
正向排序:['a', 'b', 'd', 'e', 'f', 'g', 'h', 'z']
反向排序:['z', 'h', 'g', 'f', 'e', 'd', 'b', 'a']
```

任务评价

评价内容	评价标准	分值	自评	师评
创建列表	掌握创建列表的方法	25		
在列表中添加元素	掌握在在列表中添加元素的方法	15		
删除列表中的元素	掌握删除列表中元素的方法	15		
修改列表中的元素	掌握修改列表中元素的方法	15		
列表元素的统计	掌握列表元素的统计方法	15		
列表元素的排列	掌握列表元素的排列方法	15		
总分		100		

任务2　集　合

任务描述

小白做好列表数据后，打算尝试其他几种数据序列。那么，Python 的集合与列表有什么区别？集合如何定义？集合的基本操作包括哪些？

任务分析

本任务将详细介绍集合的相关操作，包含创建集合、集合的基本操作和集合操作函数。通过本任务的学习，读者可以加深对 Python 数据结构的理解和认识。

任务重点与实施

集合是指具有某种特定性质的具体或抽象的对象汇总而成的集体。其中，构成集合的这些对象称为该集合的元素。

(1)集合的表示形式如下。

假设有实数 $x < y$。

① [x，y]：方括号表示包括边界，即表示 x 与 y 之间的数以及 x 和 y。

② (x，y)：小括号表示不包括边界，即表示 x 与 y 之间的数。

给定一个集合，再任意给定一个元素，该元素只能属于或不属于该集合，不允许有模棱两可的情况出现。

(2)集合的表示方法有以下两种。

① 列举法：把集合中的元素一一列举出来，写在花括号内。

② 描述法：把集合中元素的公共属性描述出来，写在花括号内。

7.2.1 创建集合

集合(set)是一个无序、无重复元素的序列，可以使用大括号({})直接创建或用 set()函数创建。

1. 直接创建

Python 集合会将所有元素放在一对大括号({})中，相邻元素之间用逗号(,)分隔。其调用格式如下。

```
{element1,element2,...,elementn}
```

其中，elementn 表示集合中的元素，个数没有限制。由于 Python 中的 set 集合是无序的，所以每次输出时元素的排列顺序可能都不相同。例如：

```
#创建集合变量
>>> Number = {'No 1','No 2','No 3','No 4'}
>>> Number
{'No 4', 'No 3', 'No 1', 'No 2'}
>>> type(Number)      #显示变量的类型
<class 'set'>
```

集合中的数据是唯一的，这也是集合与序列的一个很重要的区别。例如：

```
#创建集合变量
>>> Number = {'No 1','No 2','No 3','No 4','No 1'}
```

```
>>> Number
{'No 4', 'No 3', 'No 1', 'No 2'}
```

2. 用 set 函数创建

set 函数为 Python 的内置函数，其功能是将字符串、列表、元组、range 对象等可迭代对象转换成集合。其调用格式如下。

```
setname = set(iteration)
```

iteration 表示字符串、列表、元组、range 对象等数据。

接下来建立一个集合，代码如下。

```
#创建 set 集合变量
>>> Number = set('No 1, No 2, No 3, No 4')
>>> Number
{',', '1', 'N', 'o', '3', ' ', '2', '4'}
```

注意

空集必须使用 set 函数创建而不能使用大括号创建。

7.2.2　集合的基本操作

集合的基本操作包括添加、删除元素。下面介绍如何实现元素的添加、删除。

1. 添加元素

Python 利用 add 函数实现向 set 集合中添加元素，添加的元素只能是数字、字符串、元组或布尔类型(True 和 False)的值，不能添加列表、字典、集合这类可变的数据。其调用格式如下。

```
setname. add(element)
```

setname 表示要添加元素的集合，element 表示要添加的元素内容。

2. 删除元素

从 set 集合中删除元素使用 remove 函数，与在列表中删除元素的方法相同。

实例　添加与删除集合元素

PyCharm 程序如下。

```
#! /usr/bin/env python3
# -* - coding: UTF-8 -* -
#创建集合
```

扫码
看视频

```
a = {1,2,3,"a"}
b = set(((1,2,3),"a"))
c = {}
d = set()
print(a,type(a),'\n',b,'type(b)','\n',c,type(c),'\n',d,type(d))
#添加元素
a. add((1,2))
b. add(('w1','w2'))
print('添加元素：',a,b)
#删除元素
a. remove((1,2))
b. remove("a")
print('删除元素：', a,b)
```

运行结果如下。

```
{1, 2, 3, 'a'} <class 'set'>
 {(1, 2, 3), 'a'} type(b)
 {} <class 'dict'>
 set() <class 'set'>
添加元素：{1, 2, (1, 2), 3, 'a'} {(1, 2, 3), 'a', ('w1', 'w2')}
删除元素：{1, 2, 3, 'a'} {(1, 2, 3), ('w1', 'w2')}
```

7.2.3 集合操作函数

集合之间的基本关系如表 7-1 所示。Python 的集合操作有交集、并集、差集运算等，一般使用逻辑运算符进行，如表 7-2 所示。

表 7-1 集合之间的基本关系

关系	表示	
	文字语言	符号语言
空集	集合为空	$\varnothing$
相等	集合 A 等于集合 B	$A=B$
子集	集合 A 是集合 B 的子集	$A\subseteq B$
真子集	集合 A 是集合 B 的真子集	$A\subsetneqq B$

表 7-2 Python 的集合操作

运算	逻辑运算符	含义
交集	&	取两个集合的公共元素
并集	|	取两个集合的全部元素
差集	–	取一个集合中有、另一个集合中没有的元素

（续表）

运算	逻辑运算符	含义
对称差集	^	取集合 A 和集合 B 中不属于 A&B 的元素

1. 空集

空集是一类特殊的集合，不包含任何元素，如$\{x \mid x \in R, x^2+1=0\}$，记为$\varnothing$。空集有以下两个特点。

(1)空集是任意一个非空集合的真子集。

(2)空集是任何一个集合的子集。

2. 子集

设 S、T 是两个集合，如果集合 S 中的所有元素(如 x)都属于集合 T，即$x \in S \Rightarrow x \in T$，则称集合 S 是集合 T 的子集，记为 $S \subseteq T$。其中，符号$\subseteq$读作“包含于”，表示该符号左边的集合中的元素全部是该符号右边的集合中的元素。

对任何集合 S，都有 $S \subseteq S$，$\varnothing \subseteq S$。如果集合 S 是集合 T 的一个子集，即 $S \subseteq T$，但在集合 T 中存在一个元素 x 不属于集合 S，即 $S \subsetneqq T$，则称集合 S 是集合 T 的一个真子集。

3. 交集

交集是指由属于集合 A 且属于集合 B 的相同元素组成的集合，记作 $A \cap B$(或 $B \cap A$)，读作“A 交 B”(或“B 交 A”)，即 $A \cap B=\{x \mid x \in A，且 x \in B\}$，如图 7-2 所示交集。若集合 A 包含集合 B，则 $A \cap B=B$，$A \cup B=A$。

4. 并集

并集是指由所有属于集合 A 或属于集合 B 的元素组成的集合，记作 $A \cup B$(或 $B \cup A$)，读作“A 并 B”(或“B 并 A”)，即 $A \cup B=\{x \mid x \in A，或 x \in B\}$，如图 7-3 所示并集。

5. 差集

差集是指由属于集合 A 且不属于集合 B 的元素组成的集合。对于图 7-4 中的集合 A 和集合 B，集合 B 是集合 A 的子集(元素全部来自集合 A)，求集合 A 去掉集合 B 后剩下的元素构成的集合 C，是对集合求差，集合 C 是集合 A 和集合 B 的差集。

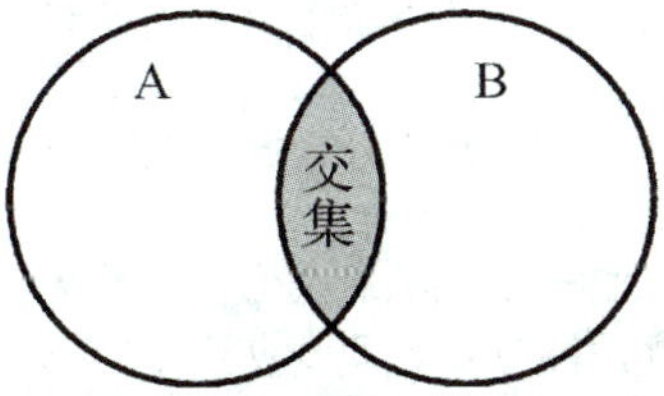

图 7-2　交集

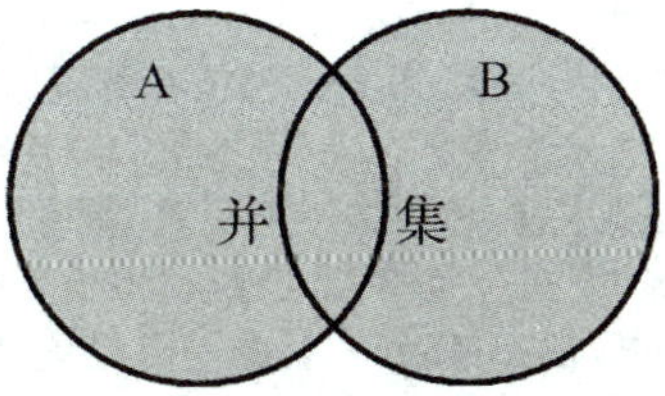

图 7-3　并集

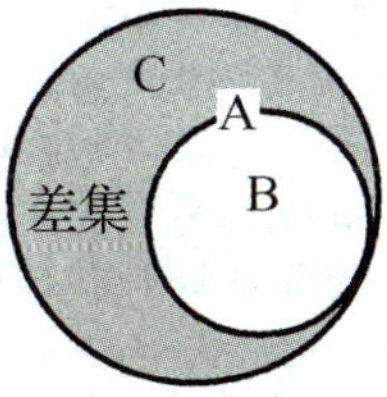

图 7-4　差集

实例 比较集合元素的异同

PyCharm 程序如下。

扫码看视频

```
#! /usr/bin/env python3
# -* - coding: UTF-8 -* -
#创建集合
set1 = set(['孤勇者 陈奕迅','晴天 周杰伦','夜曲 周杰伦','花海 周杰伦','美人鱼 林俊杰',\
'太想念 彭筝','七里香 周杰伦','听妈妈的话 周杰伦','剑魂 鱼多余',\
'给我一首歌的时间 周杰伦'])
set2 = {'妈妈的话 Zyboy 忠宇','妈妈我想你 汤潮','听妈妈的话 周杰伦',\
'天堂一定很美 翟煜衡','天之大 李悟小礼物','镜中渊 周林枫','调查中 糯米 Nomi',\
'感恩的心 欧阳菲菲','伪善者 金渔','踏雪 邓寓君'}
print('热歌榜前十名',set1,type(set1), '飙升榜前十名',set2,'type(set2)',sep='\n')
#逻辑运算
result_1 = set1 & set2      #交集运算
result_2 = set1|set2      #并集运算
result_3 = set1 - set2      #差集运算
result_4 = set2 ^ set1      #对称差集运算
print('交集运算:',result_1)
print('并集运算: ',result_2)
print('差集运算:',result_3)
print('对称差集运算: ',result_4)
```

运行结果如下。

```
热歌榜前十名
{'剑魂 鱼多余', '太想念 彭筝', '夜曲 周杰伦', '给我一首歌的时间 周杰伦', '晴天 周杰伦', '花海 周杰伦', '孤勇者 陈奕迅', '听妈妈的话 周杰伦', '美人鱼 林俊杰', '七里香 周杰伦'}
<class 'set'>
飙升榜前十名
{'伪善者 金渔', '天之大 李悟小礼物', '调查中 糯米 Nomi', '天堂一定很美 翟煜衡', '妈妈的话 Zyboy 忠宇', '听妈妈的话 周杰伦', '感恩的心 欧阳菲菲', '妈妈我想你 汤潮', '镜中渊 周林枫', '踏雪 邓寓君'}
type(set2)
交集运算:{'听妈妈的话 周杰伦'}
并集运算:{'夜曲 周杰伦', '给我一首歌的时间 周杰伦', '晴天 周杰伦', '调查中 糯米 Nomi', '妈妈的话 Zyboy 忠宇', '孤勇者 陈奕迅', '美人鱼 林俊杰', '妈妈我想你 汤潮', '镜中渊 周林枫', '踏雪 邓寓君', '剑魂 鱼多余', '太想念 彭筝', '天之大 李悟小礼物', '天堂一定很美 翟煜衡', '花海 周杰伦', '听妈妈的话 周杰伦', '感恩的心 欧阳菲菲', '七里香 周杰伦', '伪善者 金渔'}
差集运算:{'剑魂 鱼多余', '太想念 彭筝', '夜曲 周杰伦', '给我一首歌的时间 周杰伦', '晴天 周杰伦', '花海 周杰伦', '孤勇者 陈奕迅', '美人鱼 林俊杰', '七里香 周杰伦'}
对称差集运算:{'剑魂 鱼多余', '太想念 彭筝', '夜曲 周杰伦', '给我一首歌的时间 周杰伦', '晴天 周杰伦', '天之大 李悟小礼物', '调查中 糯米 Nomi', '天堂一定很美 翟煜衡', '妈妈的话 Zyboy 忠宇', '花海 周杰伦', '孤勇者 陈奕迅', '感恩的心 欧阳菲菲', '美人鱼 林俊杰', '踏雪 邓寓君', '妈妈我想你 汤潮', '镜中渊 周林枫', '七里香 周杰伦', '伪善者 金渔'}
```

任务评价

评价内容	评价标准	分值	自评	师评
创建集合	掌握创建集合的方法	40		
集合的基本操作	掌握集合的基本操作	30		
集合操作函数	掌握集合操作函数	30		
总分		100		

任务 3 元组和字典

任务描述

小白定义列表时，输错字符，使用小括号定义数据，发现该数据操作与集合列表类似。那么，Python 还有哪些数据结构？如何定义这些数据结构？

任务分析

本任务首先介绍元组的创建方法，有助于在实际编程中有效地使用各种数据结构；其次介绍字典的创建方法有助于在实际编程中高效地存储和访问数据。

任务重点与实施

元组(tuple)是 Python 中另一个重要的序列结构和列表类似，也由一系列按特定顺序排列的元素组成，可以将元组看成不可变的列表。通常情况下，元组用于保存无须修改的内容。

字典是 Python 中唯一的映射类型。“映射”是数学中的术语，指的是元素之间相互对应的关系，即通过一个元素可以找到唯一的另一个元素。

7.3.1 创建元组

元组与列表的不同之处在于元组中的元素不能修改。元组的创建包括以下两种方法。

1. 直接创建

元组变量通过小括号(())创建，元素之间用逗号隔开。其调用格式如下。

```
(element1, element2, . . . , elementn)
```

element1 ~ elementn 表示元组中的各个元素，个数没有限制。

接下来创建一个元组，代码如下。

```
#创建元组变量
>>> Information = ('school',('No 1','No 2','No 3','No 4'),'grade',(1,2,3,4))
>>> type(Information)      #显示元组变量的类型
<class 'tuple'>
```

元组中只包含一个元素时，需要在元素后面添加逗号(,)，否则小括号会被当成运算符使用。例如：

```
>>> tuple1 = ('school')
>>> tuple2 = ('school',)
>>> print(tuple1,type(tuple1),tuple2,type(tuple2))      #显示元组变量的类型
school <class 'str'> ('school',) <class 'tuple'>
```

2. 使用 tuple 函数创建

除了可以使用小括号创建元组外，Python 还提供了一个内置的函数 tuple，用来将其他数据类型转换为元组类型。其调用格式如下。

```
tuple(data)
```

data 表示可以转化为元组的数据，包括字符串、range 对象等。

实例 创建元组

PyCharm 程序如下。

扫码看视频

```
#! /usr/bin/env python3
# -* - coding: UTF-8 -* -
#将字符串转换为元组
tup1 = tuple("Python")
print('字符串转换为元组:', tup1)
#将列表转换为元组
list1 = ['Python', 'Java', 'C++', 'JavaScript']
tup2 = tuple(list1)
print('列表转换为元组:',tup2)
#将字典转换为元组
dict1 = {'a':100, 'b':42, 'c':9}
tup3 = tuple(dict1)
print('字典转换为元组:',tup3)
#将区间转换为元组
range1 = range(1, 10)
tup4 = tuple(range1)
print('区间转换为元组:',tup4)
```

```
#创建空元组
print('空元组:',tuple())
```

运行结果如下。

```
字符串转换为元组:('P', 'y', 't', 'h', 'o', 'n')
列表转换为元组:('Python', 'Java', 'C++', 'JavaScript')
字典转换为元组:('a', 'b', 'c')
区间转换为元组:(1, 2, 3, 4, 5, 6, 7, 8, 9)
空元组:()
```

7.3.2 创建字典

字典(dictionary)是一种可变容器模型，且可存储任意类型的对象，字典是除列表以外 Python 中最灵活的内置数据结构类型。

1. 直接定义

字典是一个无序的键(key)值(value)对的集合，通常由大括号({})创建。其调用格式如下。

```
dict = {key1 : value1, key2 : value2}
```

字典中，习惯将各元素对应的索引称为键，将各个键对应的元素称为值，将键及其关联的值称为键值对。建立字典的代码如下。

```
>>> information = {'name':'li', 'age':'24'}
>>> print(information)
{'name': 'li', 'age': '24'}
```

建立字典的参数说明如下。

(1)name：一个键。

(2)li：一个值。

2. 用 fromkeys 函数创建

在 Python 中，fromkeys 函数用于创建一个字典，将序列 seq 中的元素作为字典的键，value 为字典所有键对应的初始值。其调用格式如下。

```
dict. fromkeys(seq[, value])
```

用 fromkeys 函数创建的参数说明如下。

(1)seq：字典键值列表。

(2)value：设置键序列(seq)的值。

3. 用 dict 函数创建

Python 通过 dict 函数创建字典。其调用格式如表 7-3 所示。

表 7-3 dict 函数调用格式

调用格式	说明
a = dict(str1=value1, str2=value2, str3=value3)	str 表示字符串类型的键，value 表示键对应的值。使用此方式创建字典时，字符串不能带引号

#方式 1
demo = [('two', 2), ('one', 1), ('three', 3)]
#方式 2
demo = [['two', 2], ['one', 1], ['three', 3]]
	向 dict 函数传入列表或元组，而它们中的元素又各自是包含两个元素的列表或元组，其中第一个元素作为键，第二个元素作为值

#方式 3
demo = (('two', 2), ('one', 1), ('three', 3))
#方式 4
demo = (['two', 2], ['one', 1], ['three', 3])
a = dict(demo)
	向 dict 函数传入列表或元组，而它们中的元素又各自是包含两个元素的列表或元组，其中第一个元素作为键，第二个元素作为值

keys = ['one', 'two', 'three'] #可以是字符串或元组
values = [1, 2, 3] #可以是字符串或元组
a = dict(zip(keys, values))
	通过应用 dict 函数和 zip 函数，可将前两个列表转换为对应的字典

实例 使用不同方法将某单位个人对三大浏览器的平均使用次数创建为字典

PyCharm 程序如下。

扫码看视频

```
#! /usr/bin/env python3
# -* - coding: UTF-8 -* -
#直接创建字典
key = ['Google','UCBrowser','IESE']
value = [50,40,60]
seq_1 = {key[1] : value[1], key[2]:value[2]}
#通过 fromkeys 函数创建字典
seq = ('Google', 'UCBrowser', 'IESE')
seq_2 = dict. fromkeys(seq)
#通过 dict 函数创建字典
seq_3 = dict(Google =50,UCBrowser =40,IESE =60)
print(seq_1,type(seq_1),'\n',seq_2,type(seq_2),'\n',seq_3,type(seq_3))
```

运行结果如下。

```
{'UCBrowser': 40, 'IESE': 60} <class 'dict'>
 {'Google': None, 'UCBrowser': None, 'IESE': None} <class 'dict'>
 {'Google': 50, 'UCBrowser': 40, 'IESE': 60} <class 'dict'>
```

字典中各元素的键只能是字符串、元组或数字，不能是列表。

任务评价

评价内容	评价标准	分值	自评	师评
创建元组	掌握创建元组的方法	50		
创建字典	掌握创建字典的方法	50		
总分		100		

任务 4　序列通用操作

任务描述

小白将前面保存的列表数据修改为其他结构，发现大多数操作结果相同，但有些操作报错。那么，Python 中的数据结构如何分类？又有哪些通用操作？

任务分析

本任务详细介绍序列的通用操作，包含序列索引与切片、序列相加与相乘、计算序列长度、最大值与最小值、序列压缩和序列类型转换。掌握这些操作，可以更好地理解和运用序列，提升编程技能。

任务重点与实施

序列支持以下几种通用操作，但集合和字典不支持索引、切片、相加和相乘操作。

7.4.1　序列索引与切片

1. 序列索引

序列中的每个元素都有属于自己的编号(索引)。从起始元素开始，索引值从 0 开始递增，如图 7-5 所示。

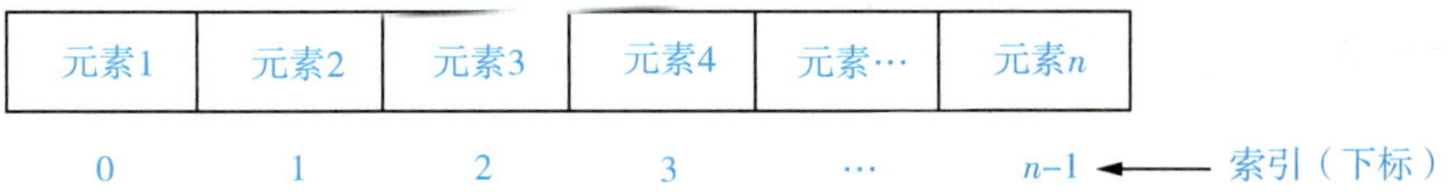

图 7-5　序列索引值(非负数)示意图

Python 还支持索引值是负数，此类索引从右向左计数，换句话说，从最后一个元素开始计数，索引值从-1 开始，如图 7-6 所示。

元素1	元素2	元素3	元素…	元素n-1	元素n	
$-n$	$-(n-1)$	$-(n-2)$	…	-2	-1	← 索引（下标）

图 7-6　序列索引值（负数）示意图

无论是采用非负数索引值还是负数索引值，都可以访问序列中的任何元素。

2. 序列切片

切片操作是访问序列中元素的另一种方法，可以访问一定范围内的元素，通过切片操作生成一个新的序列。

在 Python 中，中括号（[ ]）用于实现序列切片。其调用格式如下。

```
sname[start : end : step]
```

中括号（[ ]）用于实现序列切片的参数说明如下。

（1）sname：序列的名称。

（2）start：切片的开始索引位置（包括该位置）。此参数也可以不指定，默认为 0，也就是从序列的开头进行切片。

（3）end：切片的结束索引位置（不包括该位置）。如果不指定，则默认为序列的长度。

（4）step：在切片过程中，隔几个存储位置（包含当前位置）取一次元素，也就是说，如果 step 的值大于 1，则在进行切片时，会“跳跃式”地取元素。如果不指定 step 的值，则最后一个冒号可以省略。

实例　对古诗进行切片

PyCharm 程序如下。

```
#! /usr/bin/env python3
# -* - coding: UTF-8 -* -
str = ['山有','木兮','木有枝','心悦','君兮','君不知']  #创建列表
#取索引区间为[0,2](不包括索引为 2 的字符)的字符串
print(str[:2])
#隔一个字符取一个字符,区间是整个字符串
print(str[::2])
#取整个字符串,此时 [] 中只需一个冒号即可
print(str[:])
```

扫码看视频

运行结果如下。

```
['山有', '木兮']
['山有', '木有枝', '君兮']
['山有', '木兮', '木有枝', '心悦', '君兮', '君不知']
```

7.4.2 序列相加与相乘

Python 支持两种类型相同的序列使用+运算符进行相加操作，它会将两个序列进行连接，但不会去除重复的元素。使用数字 n 乘以一个序列会生成新的序列，其内容为原来序列被重复 n 次的结果。

实例 连接"电梯使用安全须知"序列

PyCharm 程序如下。

扫码看视频

```
#! /usr/bin/env python3
# -* - coding: UTF-8 -* -
str1 = ['电梯使用安全须知']     # 创建字符串
str2 = {'Notice on safety riding',3}     #创建集合
str3 = ('To guarantee the safety' )     #创建元组
str4 = ['请遵守以下规定正确使用电梯']     # 创建列表
#拼接序列
print(str1 +str4)
print(str3* 3)
```

运行结果如下。

```
['电梯使用安全须知', '请遵守以下规定正确使用电梯']
To guarantee the safetyTo guarantee the safetyTo guarantee the safety
```

列表类型在进行乘法运算时，还可以实现初始化指定长度列表的功能。

实例 创建一个长度为 5 的列表，列表中的每个元素都是 None

PyCharm 程序如下。

扫码看视频

```
#! /usr/bin/env python3
# -* - coding: UTF-8 -* -
#直接创建列表
list = [None]* 5
print(list+[None])
```

运行结果如下。

```
[None, None, None, None, None, None]
```

7.4.3 计算序列长度、最大值与最小值

Python 提供了序列基本操作函数，可用于计算序列长度、最大值与最小值。其调用格式如表 7-4 所示。

表 7-4 序列基本操作函数调用格式

调用格式	说明
len()	计算序列的长度，即返回序列中包含元素的个数
max()	找出序列中的最大元素。注意，对序列使用 sum 函数时，做加和操作的必须都是数字，不能是字符或字符串，否则该函数将抛出异常，因为解释器无法判定是要做连接操作(+运算符可以连接两个序列)还是要做加和操作
min()	找出序列中的最小元素

实例 计算序列长度、最大值与最小值

PyCharm 程序如下。

```
#! /usr/bin/env python3
# -* - coding: UTF-8 -* -
#直接创建列表
list = [['promised between the fingers'],['love']]
print('列表',list)
print('列表最大值为',max(list))      # 计算最大值
print('列表最小值为',min(list))      # 计算最小值
print('列表长度为',len(list))      # 计算长度值
```

扫码看视频

运行结果如下。

```
列表[['promised between the fingers'], ['love']]
列表最大值为['promised between the fingers']
列表最小值为['love']
列表长度为2
```

7.4.4 序列压缩

数据压缩是指在不丢失有用信息的前提下，缩减数据量以减小存储空间，提高其传输、存储和处理效率，或者按照一定的算法对数据进行重新组织，减少数据的冗余、减小存储空间的一种技术方法。

.zip 是一种进行数据压缩和文档存储的文件格式。在 Python 中，zip 函数可以将多个序列(由列表、元组、字典、集合、字符串及区间构成的列表)“压缩”成一个 zip 对象。序列压缩，其实就是将这些序列中对应位置的元素重新组合，生成一个个新的元

组。其调用格式如下。

```
zip(iterable, . . . )
```

iterable，. . . 表示多个列表、元组、字典、集合、字符串及区间。

实例 创建与压缩序列

PyCharm 程序如下。

扫码看视频

```
#! /usr/bin/env python3
# -* - coding: UTF-8 -* -
#创建不同类型的序列
my_list = [1,2,3,4]      #创建列表
my_tuple = (1,2,3)     #创建元组
my_pychar = "python"     #创建字符串
my_dict = {31:2,32:4,33:5}     #创建字典
my_set = {41,42,43,44}     #创建集合
my_range = range(1,5)     #创建区间
#输出压缩序列
print('列表与元组压缩','\n',[x for x in zip(my_list,my_tuple)])
print('列表与字符串压缩','\n',[x for x in zip(my_list,my_pychar)])
print('字典与集合压缩','\n',[x for x in zip(my_dict,my_set,my_set)])
print('字典与字符串压缩','\n',[x for x in zip(my_dict,my_pychar)])
print('集合与区间压缩','\n',[x for x in zip(my_set,my_range)])
```

运行结果如下。

```
列表与元组压缩
 [(1, 1), (2, 2), (3, 3)]
列表与字符串压缩
 [(1, 'p'), (2, 'y'), (3, 't'), (4, 'h')]
字典与集合压缩
 [(31, 41, 41), (32, 42, 42), (33, 43, 43)]
字典与字符串压缩
 [(31, 'p'), (32, 'y'), (33, 't')]
集合与区间压缩
 [(41, 1), (42, 2), (43, 3), (44, 4)]
```

提示 在使用 zip 函数压缩多个序列时，会分别取各序列中的第 1 个元素、第 2 个元素、…、第 n 个元素，各自组成新的元组。需要注意的是，当多个序列中元素个数不一致时，会以最短的序列为准进行压缩。

7.4.5 序列类型转换

在 Python 编程中，既需要独立的变量来保存一份数据，也需要序列来保存大量数据。列表和元组比较相似，它们都按顺序保存元素，所有的元素占用一块连续的内存，每个元素都有自己的索引，因此列表和元组的元素都可以通过索引(index)来访问。它们的区别在于：列表是可以修改的，而元组是不可以修改的。

字典和集合存储的数据都是无序的，每个元素占用不同的内存，其中字典元素以 key-value 的形式保存。

下面介绍序列类型转换函数调用格式，如表 7-5 所示。

表 7-5 序列类型转换函数调用格式

调用格式	说明
tuple(s)	将序列 s 转换为一个元组
list(s)	将序列 s 转换为一个列表
set(s)	将序列 s 转换为一个可变集合
dict(d)	将序列 s 转换为一个字典。d 必须是一个元组(key，value)
frozenset(s)	将序列 s 转换为不可变集合

实例 转换序列类型

PyCharm 程序如下。

扫码看视频

```
#! /usr/bin/env python3
# -* - coding: UTF-8 -* -
#创建列表并输出列表及其类型
list_0 = [1,2,3,4,5]
print(list_0,type(list_0))
list_1 = '1','2'
print(list_1,type(list_1))
list_2 = list("'Numeric'")
print(list_2,type(list_2))
list_3 = list('String')
print(list_3,type(list_3))
list_4 = list('1,2')
print(list_4,type(list_4))
```

运行结果如下。

```
[1, 2, 3, 4, 5] <class 'list'>
('1', '2') <class 'tuple'>
["'", 'N', 'u', 'm', 'e', 'r', 'i', 'c', "'"] <class 'list'>
['S', 't', 'r', 'i', 'n', 'g'] <class 'list'>
['1', ',', '2'] <class 'list'>
```

任务评价

评价内容	评价标准	分值	自评	师评
序列索引与切片	掌握序列索引与切操作	20		
序列相加与相乘	掌握序列相加与相乘操作	20		
计算序列长度、最大值与最小值	掌握计算序列长度、最大值与最小值操作	20		
序列压缩	掌握序列压缩操作	20		
序列类型转换	掌握序列类型转换操作	20		
总分		100		

项 目 小 结

本项目主要介绍了 Python 中的序列运算，首先介绍了创建列表和对列表元素的操作；其次介绍了创建集合、集合的基本操作和函数；再次介绍了创建元组和字典，最后介绍了这些序列类型的通用操作。通过本项目的学习，读者不仅能够掌握序列类型的基本概念和特性，还学习了如何在实际编程中灵活运用这些序列类型及其操作。在未来的学习和工作中，读者可以进一步深入学习和应用 Python 的序列类型，不断提高自己的编程能力和数据处理能力。

项 目 习 题

一、选择题

1. Python 列表通常用什么符号创建？（　　）

A. 小括号 ( )　　B. 中括号 [ ]　　C. 大括号 { }　　D. 尖括号 <>

2. 在 Python 中，用什么符号可以连接两个或多个列表中的元素？（　　）

A. 减号(-)　　B. 加号(+)　　C. 星号(*)　　D. 斜杠(/)

3. 在 Python 中，使用什么函数可以根据元素索引删除列表中的元素？（　　）

A. remove 函数　　B. del 函数　　C. pop 函数　　D. clear 函数

4. 在 Python 中，修改单个列表元素使用什么方法？（　　）

A. 使用特定的函数　　B. 直接对元素赋值

C. 通过索引重新创建列表　　D. 以上都不是

5. 在 Python 中，集合是一个什么样的序列？（　　）

A. 有序、有重复元素　　B. 无序、有重复元素

C. 有序、无重复元素　　D. 无序、无重复元素

6. Python 利用 add 函数实现向 set 集合中添加元素，以下哪个选项是不能添加的元素？（　　）

A. 数字　　B. 字符串　　C. 列表　　D. 元组

7. 由属于集合 A 且不属于集合 B 的元素组成的集合叫作什么？（　　）

A. 交集　　B. 并集　　C. 空集　　D. 差集

8. 创建元组时，当元组中只包含一个元素，需要怎么做？（　　）

A. 什么都不用做　　B. 在元素后面添加分号

C. 在元素后面添加逗号　　D. 在元素后面添加括号

9. 字典是一种什么样的容器模型？（　　）

A. 不可变　　B. 可变

C. 有序　　D. 只能存储数字类型

10. 以下哪种数据类型不支持索引操作？（　　）

A. 列表　　B. 字符串　　C. 集合　　D. 元组

11. 在 Python 中，用于实现序列切片的符号是什么？（　　）

A. {}　　B. ()　　C. []　　D. <>

12. 数据压缩的目的不包括以下哪一项？（　　）

A. 缩减数据量以减小存储空间　　B. 提高数据传输效率

C. 增加数据的冗余　　D. 提高数据存储和处理效率

二、上机操作题

常见的咖啡种类包括玛奇朵、美式咖啡、白咖啡、拿铁、康宝蓝、卡布奇诺等。下面使用不同的序列格式输出，结果如图 7-7 所示。

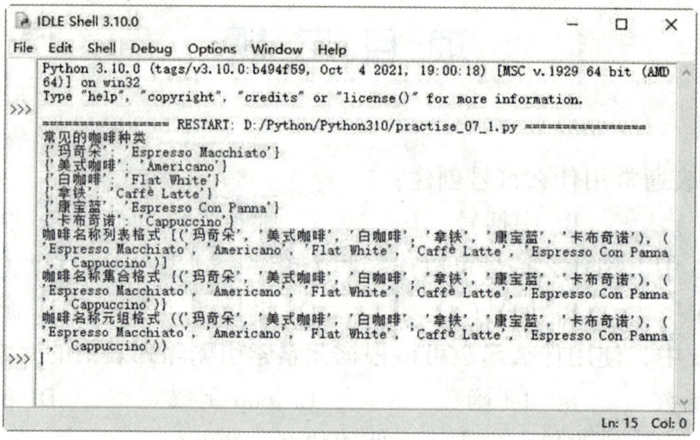

图 7-7　运行结果

（1）使用引号定义字符串。

（2）使用中括号定义列表。

（3）使用大括号定义集合。

（4）使用小括号定义元组。

（5）使用大括号加分号定义字典。

项目 8　程序结构与程序调试

项 目 导 读

Python 比其他程序设计语言好学得多。它的语法没有那么复杂，并且具有强大的工具箱，这使得它成为科研工作者及读者较易掌握的软件之一。本项目主要介绍 Python 的程序结构、程序的流程控制和程序调试。

学习目标

◆ 知识目标

- 能够掌握 if、for、while 循环的调用格式。
- 能够使用 if、for、while 循环嵌套格式。
- 能够使用语句进行循环结构的调试。

◆ 技能目标

- 深入理解顺序结构、选择结构和循环结构的概念、特点和执行逻辑，清晰区分它们在程序中的不同应用场景。
- 熟悉 Python 中常见的错误类型，如语法错误、逻辑错误、运行时错误等，能够根据错误提示信息快速定位错误所在的位置。

◆ 素质目标

- 在实际编程中，培养读者能够分析问题，选择合适的程序结构和流程控制语句来实现程序的功能需求。
- 通过对不同程序结构的组合和嵌套使用，培养读者逻辑推理能力，根据具体问题的需求设计出合理的程序流程。

◆ 思政目标

- 培养读者在遇到编程问题时，能够主动寻求解决方案，通过自主学习不断提升对程序结构和流程控制的理解和应用能力。
- 培养读者通过对程序结构和流程控制的灵活运用和组合，创造出独特的程序设计方案，为解决实际问题提供新的思路和方法。

任务 1　程序结构

任务描述

小白学习了一段时间后，将自己精心编写的程序发给师兄，当天收到师兄修改后发过来的程序。小白发现，经过师兄修改的程序简单了很多，使用了很多不同的程序结构。那么，Python 的程序结构有哪些？分别能实现什么功能？

任务分析

本任务首先介绍表达式与表达式语句，理解表达式与表达式语句是编程的基础；其次介绍 3 种基本程序结构，把握这些结构，能够编写出具有复杂逻辑和功能的程序；最后介绍嵌套循环，掌握嵌套循环的使用方法和技巧，能够编写出更加高效和简洁的代码。

任务重点与实施

程序结构就是程序的流程控制结构。对于一般的程序设计语言来说，程序结构可分为顺序结构、选择结构与循环结构 3 种，如图 8-1 所示。

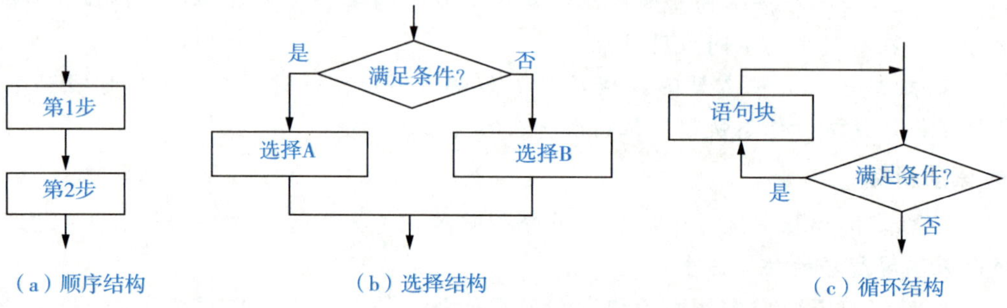

图 8-1　3 种程序结构流程图

8.1.1　表达式与表达式语句

在 Python 程序中，可广泛使用表达式与表达式语句。用户可以通过交互式指令协调 Python 程序的执行，通过使用不同的交互式指令不同程度地响应程序运行过程中出现的各种提示。

1. 表达式

对于 Python 数值运算，数字表达式是由数值常量、数值变量、数值函数或数值矩阵用运算符连接而成的数学关系式。而在 Python 符号运算中，符号表达式是由符号常量、符号变量、符号函数用运算符或专用函数连接而成的符号对象。符号表达式有两类：符号函数与符号方程。

表达式是由常量、变量、函数用运算符连接而成的数学关系式。在 Python 程序中，既经常使用数值表达式，也大量使用符号表达式。

在 Python 中，eval 函数用来计算字符串中的有效 Python 表达式，并返回一个对象。其调用格式如下。

```
eval(expression[, globals[, locals]])
```

表达式的参数说明如下。

(1) expression：表达式。

(2) globals：变量作用域，全局命名空间，如果被提供，则必须是一个字典对象。

(3) locals：变量作用域，局部命名空间，如果被提供，可以是任何映射对象。

实例　计算表达式的值

PyCharm 程序如下。

```
#! /usr/bin/env python3
# -* - coding: UTF-8 -* -
x,a,b = 4,6,8    #为多个变量赋值
f = 'a* x* * 2+b* x/(a-x)'    #定义表达式
y = eval(f)    #计算表达式的值
#输出变量
print(f,'=',y)
```

扫码看视频

运行结果如下。

```
a* x* * 2+b* x/(a-x) = 112.0
```

提示

在 PyCharm 中，如果要注释代码，可以选中代码后按组合键 Ctrl+/。

2. 表达式语句

单个表达式就是表达式语句。一行可以只有一个语句，也可以有多个语句。在 Python 中，一个语句可以占多行，由多行构成一个语句时需要使用续行符\ 。

3. 逻辑表达式

逻辑表达式的调用格式如下。

```
表达式    逻辑运算符    表达式
```

其中的表达式可以是逻辑表达式，从而形成嵌套。

例如，（a&b）& c，根据逻辑运算符的左结合性，也可以将表达式写为 a & b & c。

4. 赋值表达式

将表达式的值赋给变量构成赋值表达式。

5. 条件表达式

在进行程序设计时，经常会根据表达式的结果，有条件地进行赋值。可以使用循环结构的紧凑形式进行设计，适用于简单表达式，是程序结构的简化形式。其一般形式如下。

```
<表达式 1> if <条件> else <表达式 2>
<表达式 1> for <条件> else <表达式 2>
```

实例 比较两个数的大小

PyCharm 程序如下。

```
#! /usr/bin/env python3
# -* - coding: UTF-8 -* -
#演示如何使用 if 条件表达式
a = 3     #定义变量
b = 4
x = a  if a - b > 0 else b
print(x)
```

扫码看视频

运行结果如下。

```
4
```

实例 创建列表

PyCharm 程序如下。

```
#! /usr/bin/env python3
# -* - coding: UTF-8 -* -
#演示如何使用 for 条件表达式创建一个从 1 到 20 的列表
a = [x for x in range(1,20)]
print(a,type(a))
print(range(1,20),type(range(1,20)))
```

扫码看视频

运行结果如下。

```
[1, 2, 3, 4, 5, 6, 7, 8, 9, 10, 11, 12, 13, 14, 15, 16, 17, 18, 19] <class 'list'>
range(1, 20) <class 'range'>
```

从上面的实例可知，range 函数创建的是数字数组，类型为 range，不是列表类型 list；使用 for 循环创建列表数组。

实例 创建偶数列表

PyCharm 程序如下。

```
#! /usr/bin/env python3
# -* - coding: UTF-8 -* -
#演示如何使用 if 条件表达式
#用 a 中所有的偶数创建一个新的列表 b
a = [i for i in range(1,10)]
b = [m for m in a if m % 2 == 0]
print(b)
```

扫码看视频

运行结果如下。

```
[2, 4, 6, 8]
```

6. 人机交互语句

input 命令是用来提示用户从键盘输入数据、字符串或表达式，并接收输入值。其调用格式如下。

```
input([prompt])
```

prompt 表示提示信息。

实例 人机交互

PyCharm 程序如下。

```
#! /usr/bin/env python3
# -* - coding: UTF-8 -* -
v = input('How much does this pencil cost? ')
```

扫码看视频

运行结果如下。

```
How much does this pencil cost?
```

用户可以在之后输入内容。

8.1.2　3 种基本程序结构

1. 顺序结构

顺序结构是一种简单易学的程序结构，由多个 Python 语句顺序构成，各语句之间用分号隔开，若不加分号，则必须分行编写，程序执行时也是由上至下顺序进行的。

实例 把 6061 分钟换算成用小时和分钟表示，然后输出

PyCharm 程序如下。

```
#! /usr/bin/env python3
# -* - coding: UTF-8 -* -
print('这是一个顺序结构的例子')
#定义时间变量,为变量赋初始值
t = 6061
m = divmod(t,60)      #计算商和余数,返回一对数字(元组)
print('6061 分钟等于:','\n',m[0],'小时',m[1],'分钟')
```

扫码看视频

运行结果如下。

```
这是一个顺序结构的例子
6061 分钟等于:
 101 小时 1 分钟
```

实例 输入一个三位数 x，分别计算 x 的个位数字、十位数字、百位数字的值

PyCharm 程序如下。

```
#! /usr/bin/env python3
# -* - coding: UTF-8 -* -
import math      #导入数学函数模块
print('拆分三位整数')
#定义变量,为变量赋初始值
a = 137
print('输入值:',a)
#利用算术运算符计算个位数字、十位数字、百位数字的值
ge = a % 10
shi = int(math. modf(a/10)[1]) % 10
bai = int(math. modf(a/100)[1])
print('输出值:',ge,shi,bai)
```

扫码看视频

运行结果如下。

```
拆分三位整数
输入值:137
输出值:7 3 1
```

2. 选择结构

选择结构结构又称分支结构，即根据表达式的值的情况来选择执行哪些语句。在编写较复杂的算法时一般会用到此结构。其中较常用的是 if-else 结构。

Python 分支结构分为单分支结构、二分支结构、多分支结构。

(1)单分支结构

单分支结构是根据判断条件选择向前运行路径的运行方式，如图 8-2 所示。其一般形式如下。

```
if 表达式:
语句组
```

若表达式的值非 0，则执行 if 内的语句组，否则直接执行后面的语句。每个条件后面都要使用冒号(:)，表示接下来是满足条件后要执行的语句块。使用缩进来划分语句块，相同缩进数的语句在一起组成一个语句块。

注意

在 Python 中要注意缩进，条件语句根据缩进来判断执行语句的归属。

实例　排列数值

PyCharm 程序如下。

扫码看视频

```
#! /usr/bin/env python3
# -* - coding: UTF-8 -* -
#演示如何使用 if... 结构排列 a 和 b 的值
#定义变量
a = 10
b = 9
print('a =',a,'b =',b)
if  a > b:
    t=a;
    a=b;
    b=t;
print('按从小到大排列:',a,b)
```

运行结果如下。

```
a = 10 b = 9
按从小到大排列:9 10
```

(2)二分支结构

二分支结构是根据判断条件选择不同向前运行路径的运行方式，如图 8-3 所示。其一般形式如下。

```
if 表达式:
语句组 1
else:
语句组 2
```

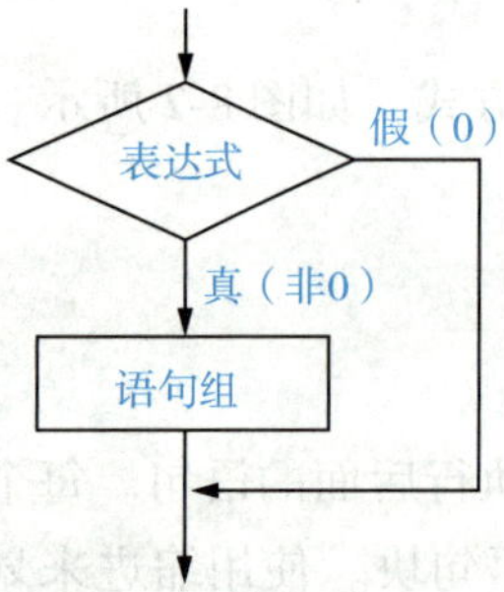

图 8-2　单分支结构执行过程

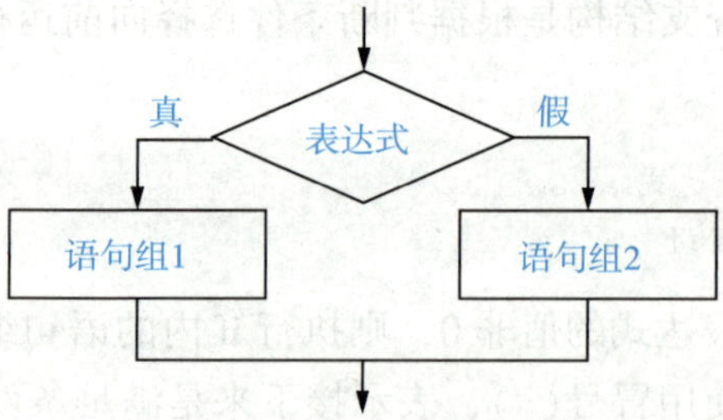

图 8-3　二分支结构执行过程

说明

若表达式的值非 0，则执行语句组 1，否则执行语句组 2。

实例　判断密码是否正确

PyCharm 程序如下。

```
#! /usr/bin/env python3
# -* - coding: UTF-8 -* -
#演示如何使用 if... else 结构判断密码是否正确
i = input("请输入你的密码:")
if i = ='mima':
        print('密码正确')
else:
        print('密码错误')
```

扫码看视频

运行结果如下。

```
请输入你的密码:mima
密码正确
```

提示

在 Python 中，判断是否相等可以使用两个等号(==)，单个等号用于赋值。

实例　根据公式(身高-108)×2=体重[可以有 10 斤(1 斤=0.5 千克)左右的浮动]来判断体检中心测试者的体重是否合适

PyCharm 程序如下。

扫码看视频

```
#! /usr/bin/env python3
# -* - coding: UTF-8 -* -
#演示如何使用 if... else 结构判断测试结果
height = 200;
weight = 200;
print('测试数据:','\n',"身高",height,'体重',weight)
item = ( height - 108 ) *  2     #定义公式表达式
if weight <= item + 10 & weight >= item - 10 :
    print('测试结果:',"标准")
else:
    print('测试结果:',"不标准")
```

运行结果如下。

```
测试数据:
 身高 200 体重 200
测试结果:不标准
```

实例　判断一个整数是奇数还是偶数，并输出判断结果

PyCharm 程序如下。

扫码看视频

```
#! /usr/bin/env python3
# -* - coding: UTF-8 -* -
#演示如何使用 if... else 结构判断输入值的奇偶性
num = 10
print('输入值:',num)
if num % 2 ==0 :
    print('输入值是偶数')
else:
    print('输入值是奇数')
```

运行结果如下。

```
输入值:10
输入值是偶数
```

(3)多分支结构

多分支结构是对不同分支分级处理的问题，需要注意条件间的包含关系，如图 8-4 所示。其一般形式如下。

```
if          表达式 1:
            语句组 1
elif              表达式 2:
            语句组 2
elif              表达式 3:
            语句组 3
```

```
    ...
else:
    语句组 n
```

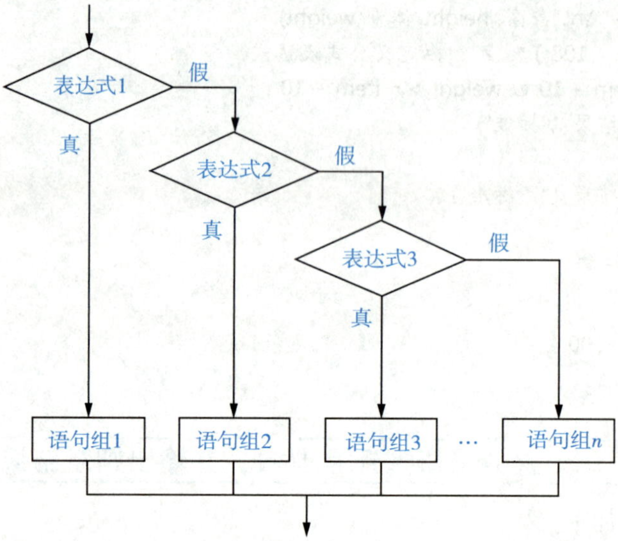

图 8-4　多分支结构执行过程

说明

程序执行时先判断表达式 1 的值，若非 0 则执行语句组 1，然后执行后面的语句，否则判断表达式 2 的值；若非 0 则执行语句组 2，然后执行后面的语句。否则继续上面的过程。如果所有的表达式都不成立，则执行 else 后的语句组 *n*。

实例　判断一个整数大于 0、小于 0，还是等于 0

PyCharm 程序如下。

扫码看视频

```
#! /usr/bin/env python3
# -*- coding: UTF-8 -*-
#演示如何使用 if...elif...else 结构判断输入值的范围
num = 10
if num > 0:
    print('输入值大于 0')
elif num < 0:
    print('输入值小于 0')
else:
    print('输入值等于 0')
```

运行结果如下。

```
输入值大于 0
```

实例　求于(0)的值

编写一个求 $f(x)=\begin{cases}3x+2 & x<-1\\ x & -1\leqslant x\leqslant 1\\ 2x+3 & x>1\end{cases}$ 值的函数，并用它来求 f(0)的值

PyCharm 程序如下。

扫码看视频

```
#! /usr/bin/env python3
# -* - coding: UTF-8 -* -
#演示如何使用 if... elif... else 结构求分段函数 f(x)的值
#当 x<-1 时,f(x)=3x+2;
#当-1≤x≤1 时,f(x)=x;
#当 x>1 时,f(x)=2x+3;
x = 0   #定义变量
if x<-1:
    y=3* x+2
elif -1<=x & x<=1:
    y=x
else:
    y=2* x+3
print('x =',x,'f(x) =',y)
```

运行结果如下。

```
x = 0 f(x) = 0
```

实例　输出日期和时间参数

PyCharm 程序如下。

扫码看视频

```
#! /usr/bin/env python3
# -* - coding: UTF-8 -* -
#演示如何使用 if elif else 结构输出日期和时间参数
#时间参数包括年、月、日、时、分、秒、毫秒、星期
import datetime      #导入日期和时间模块
#输出当前日期和时间
a = datetime. datetime. now()
print('当前日期和时间:',a)
var=input('输入日期变量:')
if  var=='年':
     aa = a. year
elif var=='月':
```

```
        aa = a.month
elif var=='日':
        aa = a.day
elif var=='时':
        aa = a.hour
elif var=='分':
        aa = a.minute
elif var=='秒':
        aa = a.second
elif var=='毫秒':
        aa = a.microsecond
elif var == '星期':
        aa = a.weekday
else:
        aa = a
print('输出日期参数:',aa,var)
```

运行结果如下。

```
当前日期和时间:2024-05-10 13:30:21.945805
输入日期变量:月
输出日期参数:5 月
```

3. 循环结构

在利用 Python 进行数值实验或工程计算时，经常用到循环结构。在循环结构中，被重复执行的语句组称为循环体。常用的循环结构有两种：for 循环与 while 循环，具体内容如下。

(1) for 循环

在 for 循环中，循环次数一般情况下是已知的，除非用其他语句提前终止循环。这种循环以 for 开头，其一般形式如下。

```
for <variable> in <sequence>:
        <statements>
else:
        <statements>
```

在每次循环中，迭代变量<variable>用于接收迭代对象<sequence>中元素的值，变量每取一次值，循环便执行一次，直到迭代对象的最后一项。迭代变量<variable>无特殊意义，一般使用 i 表示。

循环可以遍历任何可迭代对象，如一个列表或一个字符串。

① 如果需要遍历数字序列，可以使用 range 函数，生成数列，作为有限的循环次数。

② 如果迭代对象是列表或字典，可以直接用列表或字典，此时迭代变量 i 表示列表或字典中的元素。

实例　利用 for 语句实现 1 ~ 100 的累加

PyCharm 程序如下。

```
#! /usr/bin/env python3
# -*- coding: UTF-8 -*-
sum = 0
#迭代对象是数列,数列中的数值不包含 101,实际为 1 ~ 100
for i in range(1,101,1):
        sum = i + sum
print('1 ~ 100 的和为',sum)
```

扫码看视频

运行结果如下。

```
1 ~ 100 的和为 5050
```

在上面的实例中，range 表示 i 从 1 开始迭代，每次加 1，直到 i 变成 100，迭代结束，因此当 i = 101 时不执行语句，for 循环是 100 次迭代。

实例　利用 for 语句输出列表中的元素

PyCharm 程序如下。

```
#! /usr/bin/env python3
# -*- coding: UTF-8 -*-
list = {1,2,3,4}        #定义列表
for i in list:     #迭代对象是列表
    print(i)
```

扫码看视频

运行结果如下。

```
1
2
3
4
```

(2) while 循环

若不知道所需要的循环到底要执行多少次，可以选择 while-end 循环，这种循环以 while 开头。其一般形式如下。

```
while 表达式:
可执行语句 1
...
可执行语句 n
```

while 表达式即循环控制语句，一般是由逻辑运算或关系运算及一般运算组成的表达式。若表达式的值非 0，则执行一次循环，否则停止循环，这种循环方式在编写数值

算法时用得非常多。通常，能用 for 循环实现的程序也能用 while 循环实现。

实例 利用 while 语句实现 1 ~ 100 的累加

PyCharm 程序如下。

```
#! /usr/bin/env python3
# -* - coding: UTF-8 -* -
sum = 0
i = 0
while i <= 100:
    sum = i + sum
    i = i + 1
print('1 ~ 100 的和为',sum)
```

扫码看视频

运行结果如下。

```
1 ~ 100 的和为 5050
```

8.1.3 嵌套循环

Python 允许在一个循环中嵌入另一个循环，成为循环嵌套。

1. if 嵌套

前面介绍了 3 种形式的 if 选择结构，这 3 种结构还可以互相嵌套。

(1)在单分支(if...)结构中嵌套二分支(if...else)结构。其一般形式如下。

```
if 表达式 1:
    语句
    if 表达式 2:
        语句
    else:
        语句
```

(2)在嵌套语句中，可以把二分支(if...else)结构放在另外一个二分支(if...else)结构中。其一般形式如下。

```
if 表达式 1:
    语句
    if 表达式 2:
        语句
    else:
        语句
else:
    语句
```

(3)在嵌套语句中，可以把多分支(if...elif...else)结构放在另外一个多分支

(if... elif... else)结构中。其一般形式如下。

```
if 表达式 1:
    语句
    if 表达式 2:
        语句
    elif 表达式 3:
        语句
    else:
        语句
elif 表达式 4:
    语句
else:
    语句
```

实例　已知三角形三条边的长度，判断三角形的类型

一个三角形的三条边为 a、b、c(a>0、b>0、c>0)，且任意两条边的边长之和大于第三条边，若满足 $b^2+c^2>a^2$，则这个三角形是锐角三角形；若满足 $b^2+c^2=a^2$，则这个三角形是直角三角形；若满足 $b^2+c^2<a^2$，则这个三角形是钝角三角形。

扫码看视频

PyCharm 程序如下。

```
#! /usr/bin/env python3
# -* - coding: UTF-8 -* -
#演示如何使用 if... elif... else 嵌套结构判断三角形的类型
#输入三角形三条边的长度
a,b,c = (input("请输入三角形三条边的长度:"). split())
a = int(a)
b = int(b)
c = int(c)
if    (a > 0) & (b > 0) & (c> 0) :
    if (a+b>c)&(a+c>b)&(b+c>a) :
        if a* a+b* b= =c* c:
            print('这个三角形是直角三角形')
        elif a* a+b* b>=c* c:
            print('这个三角形是锐角三角形')
        else:
            print('这个三角形是钝角三角形')
    else:
        print('输入数据不正确,需要重新输入')
else:
    print('输入数据不正确,输入的边长应该大于0')
```

运行结果如下。

```
请输入三角形三条边的长度:3 4 5
这个三角形是直角三角形
请输入三角形三条边的长度:0 1 2
输入数据不正确,输入的边长应该大于0
请输入三角形三条边的长度:1 2 6
输入数据不正确,需要重新输入
```

2. for 循环与 if 循环嵌套

在 for 循环中嵌套 if...else 循环的一般形式如下。

```
for 迭代变量 in 迭代对象:
    if 表达式:
        语句
    else:
        语句
else:
    循环语句
```

实例 绘制直角三角形图形

PyCharm 程序如下。

扫码看视频

```
#! /usr/bin/env python3
# -* - coding: UTF-8 -* -
i = j = 0        #定义初始值
for i in range(1,10):
    if   j<=i :
         print("*  "* j)
         j =j+1
    i =i+1
```

运行结果如图 8-5 所示。

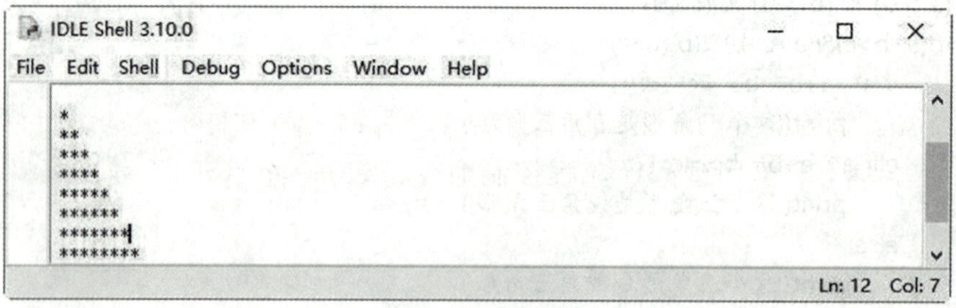

图 8-5 运行结果

任务评价

评价内容	评价标准	分值	自评	师评
表达式与表达式语句	掌握表达式与表达式语句的定义和区别	40		
3 种基本程序结构	掌握 3 种基本程序结构的定义	40		
嵌套循环	掌握循环嵌套的形式	20		
总分		100		

任务 2　程序的流程控制

任务描述

小白学习师兄的程序时，发现程序运行到最后时，不能查看最终结果，也无法查看中间结果。那么，Python 如何控制程序运行？需要使用哪些语句？

任务分析

本任务主要介绍 Python 中的程序流程控制。通过本任务的学习，读者能够深入理解程序是如何根据条件判断、循环迭代等机制来执行指令，这有助于构建更加复杂、功能丰富的应用程序。

任务重点与实施

在利用 Python 编程解决实际问题时，可能需要提前终止 for 与 while 等循环结构，有时也可能需要显示必要的出错或警告信息、显示批处理文件的执行过程等，而这些特殊要求的实现就需要用到程序流程控制命令，如 break、pause、continue、return 和 pass 等。下面主要介绍这些命令的用法。

1. break 命令

break 命令一般用来终止 for 或 while 循环，通常与 if 条件语句一起使用，如果条件满足则利用 break 命令将循环终止。在多层循环嵌套中，break 命令只终止最内层的循环。

实例 break 命令终止循环

PyCharm 程序如下。

```
#! /usr/bin/env python3
# -* - coding: UTF-8 -* -
#演示 break 命令
s=1;
for i in range(1,100)
        i=s+i
        if i>50:
                print('i 已经大于 50,终止循环! ')
                break;
print(i)
```

扫码看视频

运行结果如下。

```
i 已经大于 50,终止循环!
51
```

2. pause 命令

pause 命令用来使程序暂停运行，然后根据用户的设定来选择何时继续运行，多用在程序的调试过程中。暂停函数调用格式如表 8-1 所示。

表 8-1　暂停函数调用格式

调用格式	说明
input()	暂停执行程序，用户按任意键后继续执行
time. sleep("second")	暂停执行程序，*n* 秒后继续执行。这种方法需要包含 time 模块(import time)，second 是自定义的时间长短，根据实际情况，可能会有浮动
os. system("pause")	这种方法需要包含 os 模块(import os)，在 Windows 环境下，IDLE 运行时会打开“命令提示符”窗口进行暂停操作，直接运行 . py 文件会直接在命令行中暂停

实例 登录界面应用

PyCharm 程序如下。

```
#! /usr/bin/env python3
# -* - coding: UTF-8 -* -
#演示暂停命令
import time     #导入时间模块
password = '12345'
if password == '12345':
```

扫码看视频

```
        print('login success! ')
        print("加载中: ---", end ="")
        for i in range(20):
            print(". ", end ='', flush =True)
            time. sleep(0. 5)
    else:
        print('wrong password')
```

用户注册会员后进行登录验证操作，首先给变量 password(密码)赋值，然后判断 password 是否正确，正确输出“login success!”(登录成功!)，错误输出“wrong password”(密码错误)。

登录成功后，显示加载中，暂停执行程序，*n* 秒后继续执行；显示小黑点，表示登录中。运行结果如下。

```
login success!
加载中: ---.....................
```

3. continue 命令

continue 该命令通常用在 for 或 while 循环结构中，并与 if 一起使用，其作用是结束本次循环，即跳过其后的循环语句而直接进行下一次是否执行循环的判断。

实例　计算阶乘函数

PyCharm 程序如下。

扫码看视频

```
#! /usr/bin/env python3
# -* - coding: UTF-8 -* -
#演示 continue 命令
#若没有 continue 语句,则该程序求的是 4!;有 continue 语句,就变成了
求 3!
i = 0
s = 1
for i in range(4):
    i = i +1
    if i = =4:
        s = s
    s = s * i
print('未添加 continue 命令:',i,'的阶乘 =',s)
i = 0
s = 1
for i in range(4):
    i = i +1
    if i = =4:
        continue
    s = s * i
print('添加 continue 命令:',i-1,'的阶乘 =',s)      # 显示 s 的值,应当为 3!
```

运行结果如下。

```
未添加 continue 命令:4 的阶乘 = 24
添加 continue 命令:3 的阶乘 = 6
```

4. return 命令

return 命令使正在运行的函数正常结束并返回调用它的函数或命令窗口。程序运行到所遇到的第一个 return 即返回，不会再运行第二个 return。return 只能写在 def 函数里面，否则会报语法错误 SyntaxError：'return' outside function。

实例 判断某个 10 以内的数是否是偶数

PyCharm 程序如下。

扫码看视频

```
#! /usr/bin/env python3
# -* - coding: UTF-8 -* -
#演示 return 命令
def function1():
    i = int(input('输入数值:'))
    while    i < 10:
        if i%2 = =0:
            return [i,'是偶数']
        else:
            return [i,'不是偶数']
    return [i,'超出范围']
print(function1())
```

运行结果如下。

```
输入数值:4
[4, '是偶数']
```

5. pass 命令

pass 是空语句，目的是保持程序结构的完整性，作用如下。

(1)编写一个程序时，可以用 pass 语句来占位。

(2)为复合语句编写一个空的主体。

实例 转换字符串大小写

PyCharm 程序如下。

扫码看视频

```
#! /usr/bin/env python3
# -* - coding: UTF-8 -* -
#演示 pass 命令
#未添加 pass 命令
for str in 'welcome':
```

```
    if str == 'w':
        str = str.upper()
        str = str.center(10, '*')
    print('欢迎词:', str)
#添加 pass 命令
for str in 'welcome':
    if str == 'w':
        pass
        str = str.upper()

        str = str.center(10, '*')
    print('欢迎词:', str)
```

运行结果如下。

```
欢迎词:* * * * W* * * * *
欢迎词:e
欢迎词:l
欢迎词:c
欢迎词:o
欢迎词:m
欢迎词:e
欢迎词:* * * * W* * * * *
欢迎词:e
欢迎词:l
欢迎词:c
欢迎词:o
欢迎词:m
欢迎词:e
```

实例 用 pass 命令计算阶乘函数

PyCharm 程序如下。

扫码
看视频

```
#! /usr/bin/env python3
# -*- coding: UTF-8 -*-
#演示 pass 命令
i = 0
s = 1
for i in range(4):
    i = i + 1
    if i == 4:
        pass
    s = s * i
print(i, '的阶乘 =', s)
```

运行结果如下。

```
4 的阶乘 = 24
```

任务评价

评价内容	评价标准	分值	自评	师评
程序的流程控制	掌握程序的流程控制命令	100		
	总分	100		

任务3 程序调试

任务描述

小白在编写程序时，发现总是出错，不知道怎么修改，按行检查又太浪费时间。那么，在 Python 中如何进行程序调试？调试结果又有哪些错误？如何处理调试错误？

任务分析

本任务首先介绍 Python 中的错误和异常，理解 Python 中的错误和异常是编写可靠代码的基础；然后介绍异常的捕获与处理，掌握异常的捕获与处理是 Python 编程中的关键技能之一；最后介绍程序调试，通过本任务的学习，读者可以更加高效地定位并修复代码中的错误并快速定位并修复复杂问题。

任务重点与实施

如果程序出现运行错误或者输出结果与预期结果不一致，那么就需要对所编写的程序进行调试。因此，掌握一定的异常处理语句和程序调试方法是十分有必要的。

8.3.1 语法错误和异常

Python 经常遇到两种错误：语法错误和异常。

1. 语法错误

Python 的语法错误又称解析错误，是初学者经常碰到的。例如：

```
>>> a = 'a
SyntaxError: unterminated string literal (detected at line 3)
```

上面的程序要对字符串进行定义，但缺少右侧的单引号，因此显示语法错误 SyntaxError，按照要求修改即可。

2. 异常

异常是一个事件，是 Python 对象，表示一个错误。但错误不等于异常，即便 Python 程序的语法是正确的，在运行它的时候也有可能发生错误。一般情况下，在 Python 无法正常处理程序时就会发生一个异常。例如：

```
>>> a = 18/0
ZeroDivisionError: division by zero
```

上面的程序要进行除法运算，但 0 不能作为除数，因此显示 ZeroDivisionError（除零错误）。

除了 ZeroDivisionError 外，Python 中还有很多异常，常见异常如表 8-2 所示。

表 8-2 Python 中的常见异常

异常	说明
BaseException	所有异常的基类
SystemExit	解释器请求退出
KeyboardInterrupt	用户中断执行（通常输入^C）
Exception	常规错误的基类
StopIteration	迭代器没有更多值
GeneratorExit	生成器（generator）发生异常来通知退出
StandardError	所有内建标准异常的基类
ArithmeticError	所有数值计算错误的基类
FloatingPointError	浮点计算错误
OverflowError	数值运算超出最大限制
ZeroDivisionError	除数（或模）为零（所有数据类型）
AssertionError	断言失败
AttributeError	对象没有这个属性
EOFError	没有内建输入到达文件结尾（EOF）标记
EnvironmentError	操作系统错误的基类
IOError	输入/输出操作失败
OSError	操作系统错误
WindowsError	系统调用失败
ImportError	导入模块/对象失败
LookupError	无效数据查询的基类

(续表)

异常	说明
IndexError	序列中没有此索引(index)
KeyError	映射中没有这个键
MemoryError	内存溢出错误(对于 Python 解释器不是致命的)
NameError	未声明/初始化对象(没有属性)
UnboundLocalError	访问未初始化的本地变量
ReferenceError	弱引用(weak reference)试图访问已经被回收的对象
RuntimeError	一般的运行时错误
NotImplementedError	尚未实现的方法
SyntaxError	Python 语法错误
IndentationError	缩进错误
TabError	Tab 和空格混用
SystemError	一般的解释器系统错误
TypeError	对类型无效的操作
ValueError	传入无效的参数
UnicodeError	相关错误
UnicodeDecodeError	解码时的错误
UnicodeEncodeError	编码时的错误
UnicodeTranslateError	转换时的错误
Warning	警告的基类
DeprecationWarning	关于被弃用的特征的警告
FutureWarning	关于构造将来语义会有改变的警告
OverflowWarning	旧的关于自动提升为长整型(long)的警告
PendingDeprecationWarning	关于特性将会被废弃的警告
RuntimeWarning	可疑的运行时行为(runtime behavior)的警告
SyntaxWarning	可疑的语法警告
UserWarning	用户代码生成的警告

实例 串联序列

PyCharm 程序如下。

扫码
看视频

```
#! /usr/bin/env python3
# -* - coding: UTF-8 -* -
#使用+连接不同类型的数据,显示异常信息
s1 = 'Python'     #定义字符串
s2 = [1,2]     #定义列表
s1 + s2     #串联序列
```

运行结果如下。

```
    s1 + s2       #串联序列
TypeError: can only concatenate str (not "list") to str
```

上面的实例显示了串联序列运行异常的原因，出现 TypeError(类型错误)。

8.3.2　异常捕获与处理

当 Python 发生异常时需要捕获并处理它，否则程序会终止执行。捕捉异常可以使用 try/except 语句和 raise 语句等。

1. try/except 语句

try/except 语句在程序调试时很有用，具体内容如下。

(1)try-except 结构

try-except 结构主要用于处理程序正常执行过程中出现的一些异常情况，如语法错误(Python 作为脚本语言没有编译的环节，在执行过程中对语法进行检测，出错后发出异常消息)、数据除零错误、从未定义的变量上取值错误等。其一般形式如下。

```
try:
    <语句1>
except:
    <语句2>
```

在上面的代码中，若 try 中的语句 1 没有出现错误，不执行 except 中的语句 2；若 try 中的语句 1 出现错误，则执行 except 中的语句 2。

这种结构不能通过程序识别出具体的异常信息，需要改进。若需要捕捉特定的异常，可指定异常名称。其一般形式如下。

```
try:
    <语句1>                # 运行其他代码
except <名称>:
    <语句2>                # 如果在 try 部分引发了 name 异常,执行该语句
```

在上面的代码中，若 try 中的语句 1 出现<名称>指定的错误，则执行 except 中的语句 2；其余情况，不执行 except 中的语句 2。

实例 序列的串联异常报错

PyCharm 程序如下。

```
#! /usr/bin/env python3
# -* - coding: UTF-8 -* -
#使用+连接不同类型的数据,显示异常信息
s1 = 'Python'    #定义字符串
s2 = [1,2]    #定义列表
try:
    s1 + s2
except:
    print("程序运行出现异常")
```

扫码看视频

运行结果如下。

```
程序运行出现异常
```

实例 显示序列的串联异常原因

PyCharm 程序如下。

```
#! /usr/bin/env python3
# -* - coding: UTF-8 -* -
#使用+连接不同类型的数据,显示异常信息
s1 = 'Python'    #定义字符串
s2 = [1,2]    #定义列表
try:
    s1 + s2
except TypeError:
    print("类型异常")
```

扫码看视频

运行结果如下。

```
类型异常
```

(2) try-except-else 结构

在 Python 中还有另外一种异常处理结构，即 try-except-else 结构。该结构捕获所有发生的异常，一般用于处理多个异常信息。其一般形式如下。

```
try:
    <语句 1>
except:
    <语句 2>
else:
    <语句 3>
```

实例　定义序列的串联异常原因

PyCharm 程序如下。

扫码看视频

```
#! /usr/bin/env python3
# -* - coding: UTF-8 -* -
#使用+连接不同类型的数据,显示异常信息
s1 = 'Python'      #定义字符串
s2 = [1,2]      #定义列表
try:
    s1 , s2
except TypeError:
    print("类型异常")
else:
    print("不是类型异常")
```

运行结果如下。

```
不是类型异常
```

(3) try-finally 结构

try-finally 结构主要用于无论是否出现异常情况，都需要执行一些清理工作的场合，即如果不想程序因为异常情况而中断，就可以用 try 捕获，然后用 catch 处理。其一般形式如下。

```
try:
    语句组 1
except:
    语句组 2
else:
    语句组 3
finally:
    语句组 4
```

根据语句组 1 判断有没有出现异常情况。

① 若程序没有出现异常情况，先执行 else 内的语句组 3，再执行 finally 中的语句组 4。

② 若程序出现异常情况，先执行 except 内的语句组 2，再执行 finally 中的语句组 4。

实例　显示序列无法串联的原因

PyCharm 程序如下。

扫码看视频

```
#! /usr/bin/env python3
# -* - coding: UTF-8 -* -
#使用+连接不同类型的数据,显示异常信息
s1 = 'Python'      #定义字符串
s2 = [1,2]      #定义列表
try:
    s1 + s2
except:
    print("不同类型的数据不能使用加号串联")
else:
    print("相同类型的数据可以使用加号串联")
finally:
    print('转换格式后进行字符串串联:',str(s1)+str(s2))
```

运行结果如下。

```
不同类型的数据不能使用加号串联
转换格式后进行字符串串联:Python[1,2]
```

从上面的实例可以清楚地看到 try-finally 结构的运行顺序：先逐行运行 try-except 结构的语句，当运行出现错误时，系统将这一错误信息捕获并保存到变量中，然后执行 else 与 finally 之间的语句，最后执行 finally 后的语句。

2. raise 语句

如果在使用某个函数时可能会产生异常，但是不想在当前函数或方法中处理这个异常，即传递异常但不进行处理，可以调用不带参数的 raise 函数。其调用格式如下。

```
raise [Exception [, args [, traceback]]]
```

raise 语句的参数说明如下。

(1) Exception 是异常的类型(如 NameError)，可以是标准异常中的任意一种。

(2) args 是用户自己提供的异常参数。

(3) traceback 参数是可选的，表示跟踪异常对象。

raise 语句有以下 3 种常见的用法。

(1) raise：单独一个 raise，该语句引发当前上下文中捕获的异常(如在 except 块中)，或默认引发 RuntimeError。

(2) raise 异常类名称：raise 后带一个异常类名称，表示引发指定类型的异常。

(3) raise 异常类名称(描述信息)：在引发指定类型的异常的同时，附带异常的描述信息。

实例 用 raise 语句定义异常

PyCharm 程序如下。

```
#! /usr/bin/env python3
# -* - coding: UTF-8 -* -
#如果 x 小于 0 就触发异常
#如果 x 大于或等于 0 输出结果
#使用 raise 语句定义异常
x = input('输入数值:')      # 定义字符串
if x<0:
    raise Exception('x 不能小于 0,x 的值为{}'. format(x))
print(x)
```

扫码看视频

运行结果如下。

```
输入数值:1
1
输入数值:-1
Traceback (most recent call last):
  File "D:\pythonProject\Python file 01. py", line 7, in <module>

    raise Exception('x 不能小于 0,x 的值为{}'. format(x))
Exception: x 不能小于 0,x 的值为-1
```

3. assert 语句

assert 语句可以在条件不满足程序运行的情况下直接返回错误信息。其调用格式如下。

```
assert expression
```

或

```
assert expression [, arguments]
```

等价于

```
if not expression:
    raise AssertionError
```

或

```
if not expression:
    raise AssertionError(arguments)
```

实例　用 assert 语句定义异常

PyCharm 程序如下。

```
#! /usr/bin/env python3
# -* - coding: UTF-8 -* -
#如果 x 小于 0 就触发异常
```

扫码看视频

```
#如果 x 大于或等于 0 输出结果
#使用 assert 语句定义异常
x = int(input('输入数值:'))    # 定义字符串
assert not(x<0), 'x 不能小于 0,x 的值为{}'. format(x)
print(x)
```

运行结果如下。

```
输入数值:1
1
输入数值:-1
Traceback (most recent call last):
  File "D:\pythonProject\Python file 01. py", line 7, in <module>
    assert not(x<0), 'x 不能小于 0,x 的值为{}'. format(x)
AssertionError: x 不能小于 0,x 的值为-1
```

8.3.3 程序调试

常用的程序调试方法有两种：一种是根据程序运行时系统给出的警告或错误提示进行相应的修改；另一种是通过用户设置断点来对程序进行调试。下面对这两种方式进行举例说明。

1. IDLE Shell 程序调试

根据系统提示来调试程序比较容易，如要调试下面的脚本文件。

```
#文件名为 test. py,功能为求 C[1:3]
A = [1,2,4,3,4,6]      #定义列表
B = range(1,6)      #定义区间
C = {1,2,4,3,4,6}      #定义集合
D = C[1:3]     #对集合进行索引操作
```

当在 Python 的 IDLE Shell 命令行窗口运行该文件时，系统会给出如下提示。

```
Traceback (most recent call last):
  File "D:/Python/Python310/test. py", line 4, in <module>
    D = C[1:3]     #对集合进行索引操作
TypeError: 'set' object is not subscriptable
```

通过上面的提示可以知道所写程序的第 4 行有错误，且错误为对集合进行索引操作不符合维数要求，这时，只需转换 C 的类型即可，即

```
D = tuple(C)[1:3]
```

选择菜单栏中的 Debug→Debugger(调试器)命令，弹出 Debug Control(调试控制器)窗口如图 8-6 所示。同时在 IDLE Shell 窗口中显示[DEBUG ON]，表示已经处于调试状态，如图 8-7 所示。

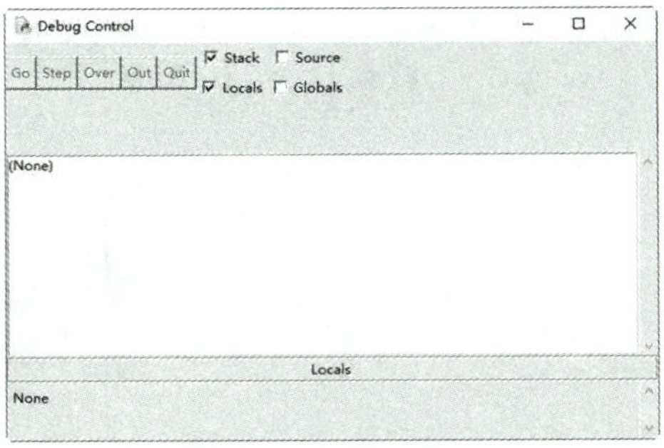

图 8-6　Debug Control 窗口

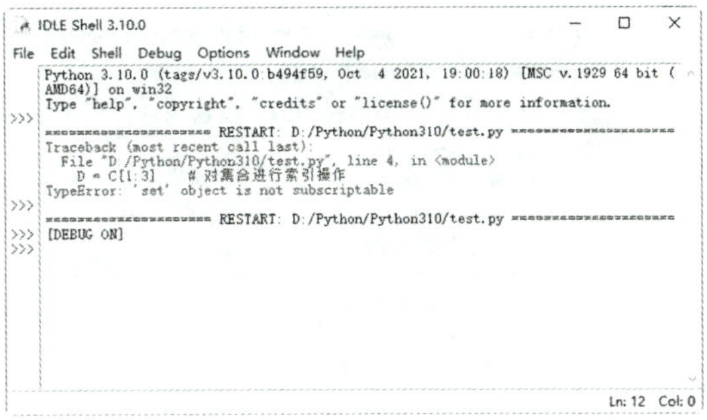

图 8-7　IDLE Shell 窗口

2. PyCharm 程序调试

在程序运行过程中发生错误而影响程序的正常运行时，PyCharm 会报错，表示程序运行出错，如图 8-8 所示。

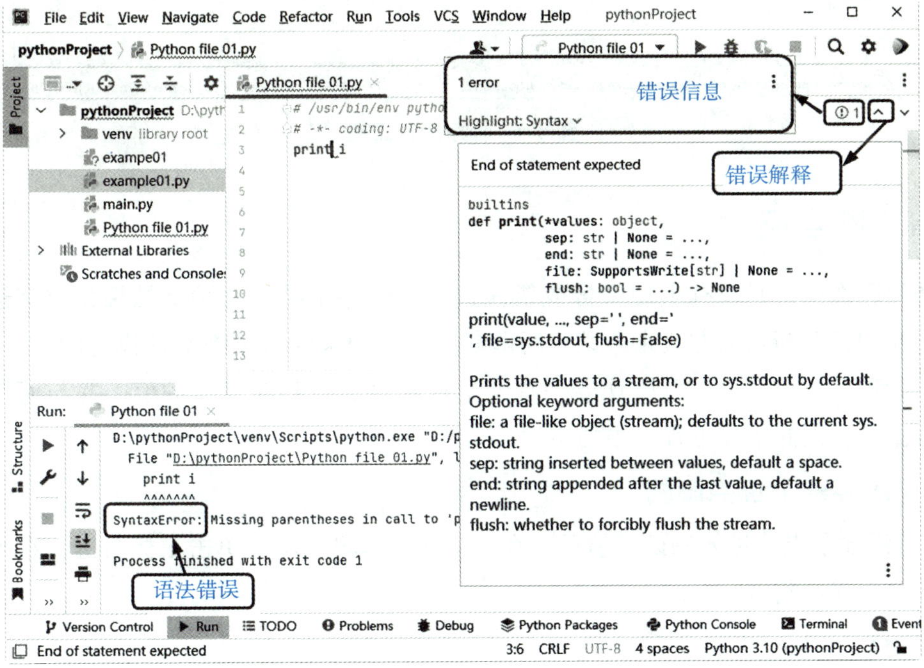

图 8-8　程序运行出错

在 Run 面板中会显示错误的位置、错误的类别、错误的原因。单击命令行窗口右上角的①图标，显示错误信息；单击 ^ 图标，显示错误解释，可以根据这些信息进行程序调试。

按照错误信息修改语法错误后，单击 Run 按钮▶，运行程序；再单击命令行窗口右上角，显示运行无误的✓图标，在 Run 面板中显示运行结果，如图 8-9 所示。

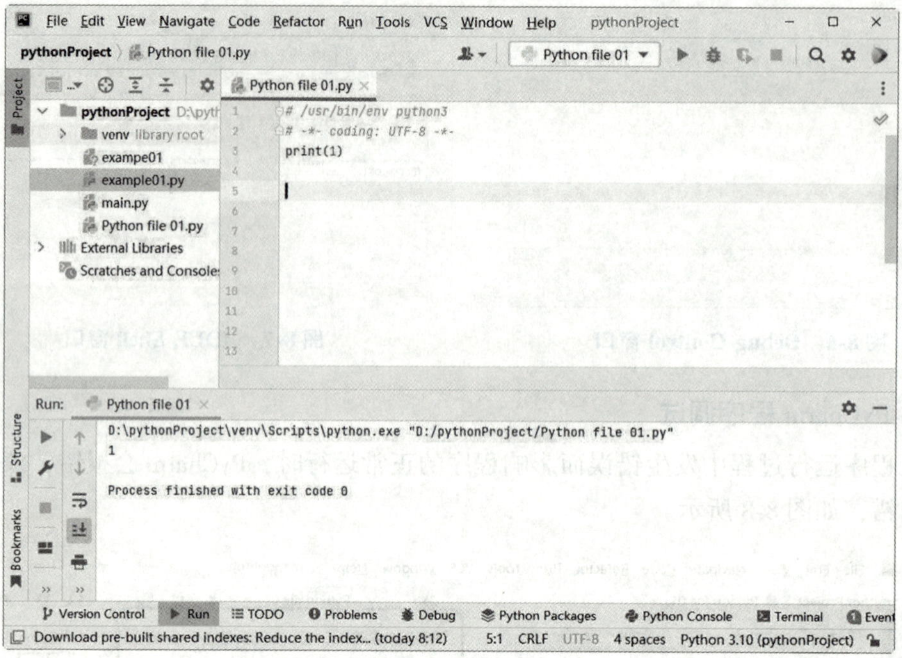

图 8-9　程序运行正确

8.3.4　断点调试

若程序在运行时没有出现警告或错误提示，但输出结果与预期结果相差甚远，这时就需要用设置断点的方式来调试。所谓断点，即用来临时中断文件执行的一个标志。通过中断程序运行，用户可以观察一些变量在程序运行到断点时的值，并与所预期的值进行比较，以此来找出程序中的错误。

1. IDLE Shell 断点调试

(1)添加断点。进入调试环境后，在.py 文件编辑环境中单击鼠标右键，在弹出的快捷菜单中显示断点命令。

① Set Breakpoint：设置断点。

② Clear Breakpoint：清除断点。

选择 Set Breakpoint 命令，设置断点，设置断点的行将以黄色底纹标记，如图 8-10 所示。

(2)程序调试。按【F5】键，开始调试程序。

(3)调试设置。在 Debug Control 窗口中显示结果，如图 8-11 所示。勾选 Locals、Globals 复选框，显示局部变量与全局变量。

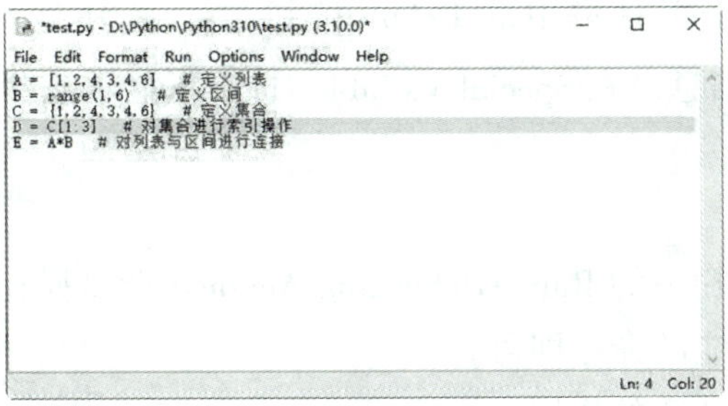

图 8-10　设置断点

下面介绍工具栏中几个重要按钮的作用。

① Go：跳至断点。

② Step：进入要执行的函数。

③ Over：单步执行。

④ Out：跳出所在的函数。

⑤ Quit：结束调试。

调试结束后，关闭 Debug Control 窗口，在 IDLE Shell 窗口中显示[DEBUG OFF]，如图 8-12 所示，表示已经结束调试。

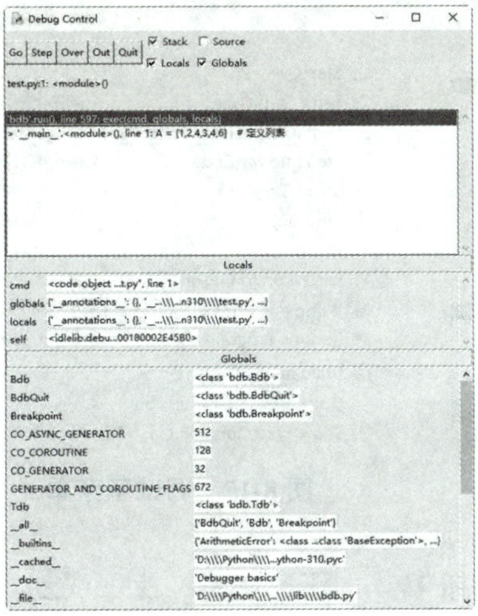

图 8-11　在 Debug Control 窗口中显示结果

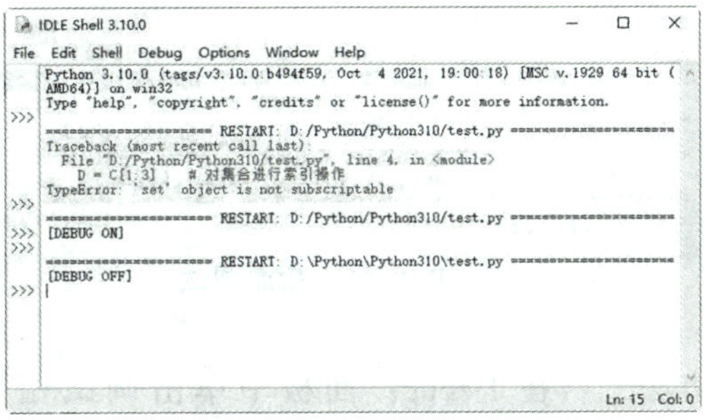

图 8-12　结束调试

2. PyCharm 断点调试

(1)添加断点。借助 PyCharm 设置断点的方法比较简单，直接在命令行行号左侧单击，出现红黑色实心圆形标记，表示该行已经设置断点，设置断点的行将以粉色底纹标记，如图 8-13 所示。

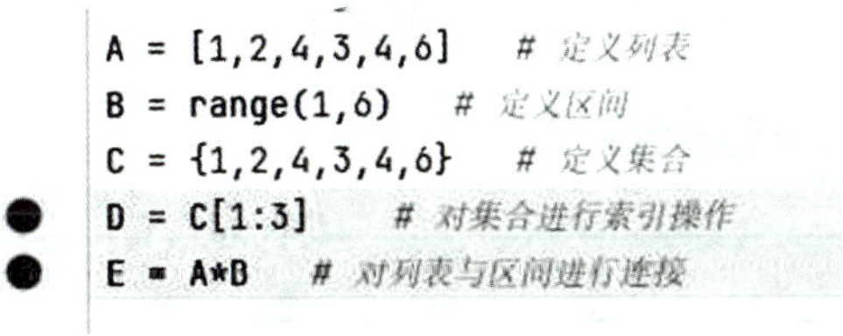

图 8-13　设置断点

(2)断点调试。单击工具栏中的 Debug 按钮，程序运行到第一个断点，弹出 Debug，面板显示断点信息。在 Special Variables 选项下显示该断点之前的变量信息，如图 8-14 所示。

(3)调试操作。

方法一：选择菜单栏中的 Run→Debugging Actions(调试操作)命令，弹出如图 8-15 所示的子菜单，选择相应的命令即可。

下面介绍几个重要命令的作用。

① Step Over：在单步执行时，在函数内遇到子函数时不会进入子函数内单步执行，而是将整个子函数执行完再停止，也就是把整个子函数作为一步。

② Step Into：在单步执行时，遇到子函数就进入并且继续单步执行。

③ Step Out：当单步执行到子函数内时，执行完子函数其余部分，并返回上一层函数。

④ Resume Program：断点调试后，选择该命令，继续执行程序。

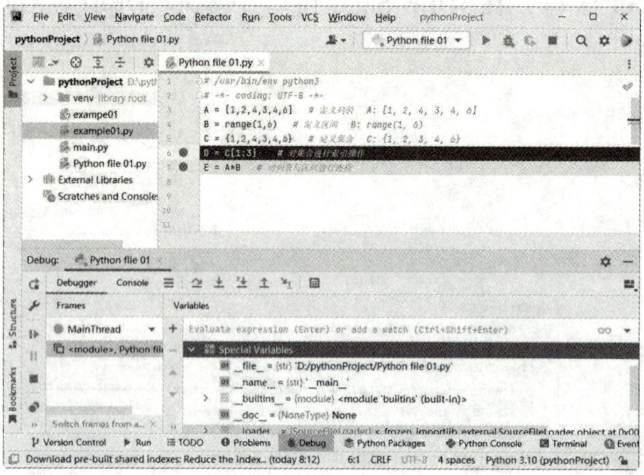

图 8-14　断点调试

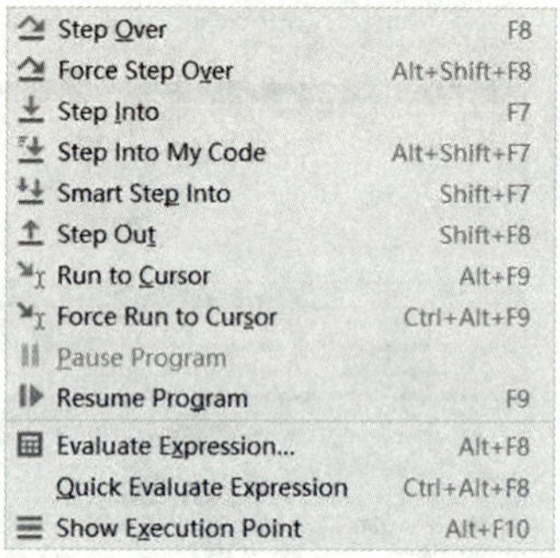

图 8-15　调试子菜单

方法二：在 Debug：面板中单击调试相关按钮、、、、、、、中的一个。

如果程序在某步出现错误，会自动跳转到错误页面，方便用户查看错误信息。

任务评价

评价内容	评价标准	分值	自评	师评
错误和异常	掌握 Python 中的语法错误和异常	25		
异常捕获与处理	掌握 Python 捕获异常与处理的方法	25		

（续表）

评价内容	评价标准	分值	自评	师评
程序调试	掌握程序调试的方法	25		
断点调试	掌握断点调试的方法	25		
总分		100		

项目小结

本项目主要介绍了程序结构与程序调试。首先介绍了多种常用的程序结构；其次介绍了程序的流程控制；最后介绍了程序的调试。通过本项目的学习，读者能够掌握 Python 编程的基本框架，灵活运用各种控制结构实现复杂逻辑，并具备有效的调试技能以快速定位和修复代码中的错误。

项目习题

一、选择题

1. 在 Python 中，eval 函数的作用是什么？（　　）

A. 执行字符串中的 Python 代码

B. 计算字符串中的有效 Python 表达式并返回一个对象

C. 评估一个对象的类型

D. 检查字符串是否为有效的 Python 表达式

2. 在 Python 中，以下关于单个表达式正确的是哪个？（　　）

A. 不是表达式语句　　B. 是表达式语句

C. 可能是表达式语句，取决于上下文　　D. 不确定

3. 顺序结构中，各语句之间可以用什么隔开？（　　）

A. 逗号　　B. 分号　　C. 冒号　　D. 等号

4. Python 分支结构不包括以下哪种？（　　）

A. 单分支结构　　B. 三分支结构

C. 二分支结构　　D. 多分支结构

5. Python 允许在一个循环中嵌入另一个循环，这种结构被称为什么？（　　）

A. 循环并列　　B. 循环叠加　　C. 循环嵌套　　D. 循环组合

6. break 命令一般用来终止什么循环？（　　）

A. 特定的一种　　B. for 或 while

C. 所有类型　　D. 循环嵌套中的最外层

7. return 命令只能写在哪里？（　　）

A. 任何地方　　B. def 函数里面

C. 循环结构中　　　　D. 条件语句中

8. pass 语句的作用是什么？（　　）

A. 终止程序　　　　B. 保持程序结构完整性

C. 跳过循环　　　　D. 返回函数结果

9. Python 的语法错误又称什么？（　　）

A. 运行错误　　　　B. 逻辑错误

C. 解析错误　　　　D. 异常错误

10. 以下哪个语句用于捕获并处理异常？（　　）

A. try/except　　　　B. try/finally

C. try/else　　　　D. raise

11. 常用的程序调试方法有几种？（　　）

A. 一种　　B. 两种　　C. 3 种　　D. 4 种

12. 断点的作用是什么？（　　）

A. 永久中断程序执行　　　　B. 临时中断程序执行以进行调试

C. 加速程序运行　　　　D. 使程序跳过某些部分

二、上机操作题

1. 打印乘法表。

使用嵌套循环打印乘法表，结果如图 8-16 所示。

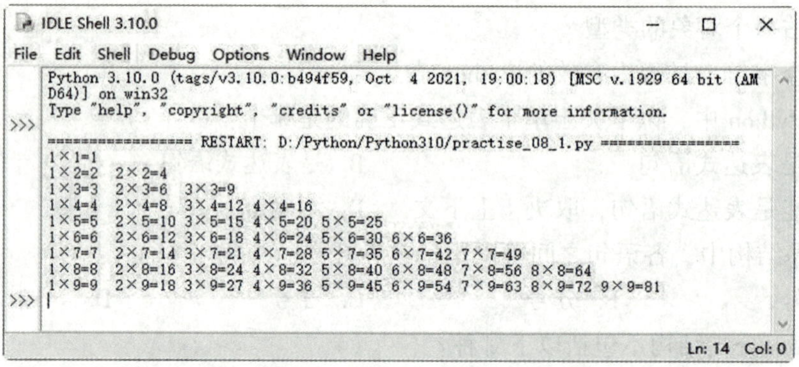

图 8-16　打印乘法表

(1) 使用 range 函数定义行数与列数。

(2) 使用嵌套 for 循环调用指定行与列。

(3) 使用 print 函数输出乘法表。

2. 文档词语统计和排序。

输入简单的英文文档，并对输入的词语进行统计和排序，结果如图 8-17 所示。

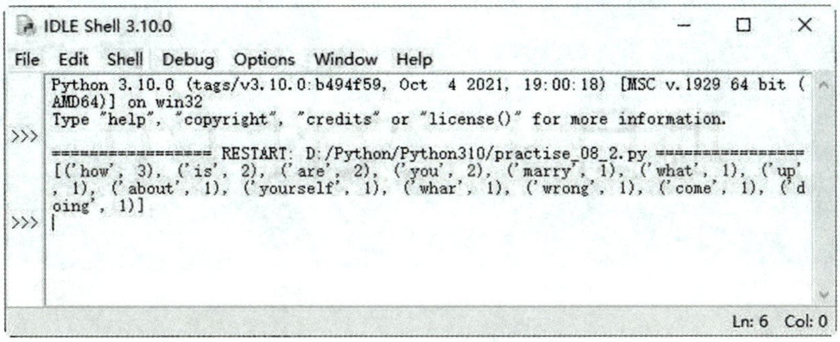

图 8-17　词语统计和排序结果

(1)定义字符串。

(2)使用 str. lower 函数将字符串中的大写字母转换为小写字母。

(3)使用 re. sub 函数替换字符串，将标点符号替换为换行符。

(4)使用 str. split 函数分割字符串。

(5)使用 for-if 嵌套循环创建字典。

(6)对字典中的元素进行统计，统计单词出现的次数，并输出。

项目9 文件I/O

项目导读

当程序运行时，变量是保存数据的好媒介，但变量、序列及对象中存储的数据是暂时的，程序运行结束后就会丢失。如果希望程序运行结束后数据仍然存在，就需要将数据保存到文件中。

Python提供了多种方式从磁盘读入文件或将数据输入工作空间，即读取数据，又称导入数据；将工作空间的变量存储到磁盘文件中称为存写数据，又称导出数据。

学习目标

知识目标

- 熟练设置文件路径，能分辨绝对路径与相对路径。
- 掌握文件的创建、打开、关闭与删除。
- 熟练读取、写入文件中的内容。

技能目标

- 能够根据具体的编程需求，在Python中正确使用和处理文件路径。
- 当遇到文件I/O操作中的复杂问题或错误时，能够运用调试技巧和对文件操作的理解，快速定位问题并找到解决方案，保证程序的正常运行。

素质目标

- 培养读者能够通过对文件路径的理解和运用，准确地定位和操作文件。
- 通过对文件操作的逻辑分析和设计，培养读者逻辑推理能力，根据具体问题的需求构建合理的文件处理流程。
- 培养读者的创新运用能力，创造出独特的程序功能和用户体验。

思政目标

- 培养读者的数据意识和信息素养，使其认识到数据在现代社会中的重要性。
- 增强读者的社会责任感和使命感，能够运用所学知识为社会发展和国家建设做出贡献。

任务1 文件路径

任务描述

小白完成实验数据的修改后，又向老师要了一些需要整理的文件。那么，针对Python文件的操作函数有哪些？Python能否直接对整个文件进行操作？

任务分析

通过了解文件路径模块，读者可以更高效地处理文件系统中的各种资源，无须手动处理不同操作系统下的路径差异，提高了代码的可移植性和可读性。了解绝对路径与相对路径的区别和使用场景，可以帮助读者编写更加灵活和适应性强的代码。区分文件路径和文件夹路径有助于更精确地进行文件管理操作。

任务重点与实施

任何一个文件操作(如文件的创建、打开、读/写、删除等)，都需要确定文件在磁盘中的位置。Python与C语言一样，也是通过文件路径(文件夹位置)来定位文件的。

9.1.1 文件路径模块

1. os模块

对文件的系统级操作可以借助Python中的专用模块(如os、sys等)，并调用模块中的指定函数来实现。例如：

```
>>>import os # 导入 os 模块
>>>dir(os. path)   # 列出模块中的函数
['_ _all_ _', '_ _builtins_ _', '_ _cached_ _', '_ _doc_ _', '_ _file_ _', '_ _loader_ _', '_ _name_ _', '_ _package_ _', '_ _spec_ _', '_ abspath _ fallback', '_ get _ bothseps', '_ getfinalpathname', '_getfinalpathname_ nonstrict', '_getfullpathname', '_getvolumepathname', '_nt_readlink', '_readlink_deep', 'abspath', 'altsep', 'basename', 'commonpath', 'commonprefix', 'curdir', 'defpath', 'devnull', 'dirname', 'exists', 'expanduser', 'expandvars', 'extsep', 'genericpath', 'getatime', 'getctime', 'getmtime', 'getsize', 'isabs', 'isdir', 'isfile', 'islink', 'ismount', 'join', 'lexists', 'normcase', 'normpath', 'os', 'pardir', 'pathsep', 'realpath', 'relpath', 'samefile', 'sameopenfile', 'samestat', 'sep', 'split', 'splitdrive', 'splitext', 'stat', 'supports_unicode_filenames', 'sys']
```

导入 os 模块后，可以使用该模块提供的通用变量获取与系统有关的信息。

os. name 用于判断目前正在使用的平台，并给出操作系统名。例如：

```
>>>import os      #导入 os 模块
>>>os. name
'nt'
```

os. extsep 用于获取当前操作系统中文件名和后缀之间的分隔符。例如：

```
>>>import os      #导入 os 模块
>>>os. extsep
'. '
```

os. pathsep 用于获取当前操作系统中的路径分隔符。例如：

```
>>>import os      #导入 os 模块
>>>os. pathsep
';'
```

os. linesep 用于获取当前操作系统中的换行符。例如：

```
>>>import os      #导入 os 模块
>>>os. linesep
'\r\n'
```

os. sep 用于获取当前操作系统中文件的路径分隔符。例如：

```
>>>import os      #导入 os 模块
>>>os. sep
'\\'
```

注意

除了上述命令不带括号，其余 os 命令一般都带括号。

os. getcwd( )用于获取当前工作目录。例如：

```
>>>import os      #导入 os 模块
>>>os. getcwd()
'D:\\Python\\Python310'
```

2. os. path 模块

导入 os 模块后，也可以使用其子模块 os. path。os. path 模块主要用于获取文件的属性。

```
>>>import os   # 导入 os 模块
>>>dir(os. path)      # 列出模块中的函数
```

```
['_ _all_ _', '_ _builtins_ _', '_ _cached_ _', '_ _doc_ _', '_ _file_ _', '_ _loader_ _', '_ _name_ _', '_ _package_ _', '_ _spec_ _', '_abspath_fallback', '_get_bothseps', '_getfinalpathname', '_getfinalpathname_nonstrict', '_getfullpathname', '_getvolumepathname', '_nt_readlink', '_readlink_deep', 'abspath', 'altsep', 'basename', 'commonpath', 'commonprefix', 'curdir', 'defpath', 'devnull', 'dirname', 'exists', 'expanduser', 'expandvars', 'extsep', 'genericpath', 'getatime', 'getctime', 'getmtime', 'getsize', 'isabs', 'isdir', 'isfile', 'islink', 'ismount', 'join', 'lexists', 'normcase', 'normpath', 'os', 'pardir', 'pathsep', 'realpath', 'relpath', 'samefile', 'sameopenfile', 'samestat', 'sep', 'split', 'splitdrive', 'splitext', 'stat', 'supports_unicode_filenames', 'sys']
```

9.1.2　绝对路径与相对路径

当前路径是 Python 用于查找文件的参考位置。明确一个文件所在的路径有两种表示方式，分别是绝对路径和相对路径。

绝对路径从根文件夹开始。Windows 系统中以盘符(如 C:、D:)作为根文件夹，是文件的实际路径。

相对路径指的是文件相对于当前工作目录所在的位置。例如，在 Windows 操作系统中，若当前工作目录为 C:\Windows\System32，文件 demo.txt 就位于这个 System32 文件夹下，则 demo.txt 的相对路径表示为 .\demo.txt(其中 .\ 就表示当前所在目录)。在使用相对路径表示某文件所在的位置时，除了经常使用 .\ 表示当前所在目录，还会用到 ..\ 表示当前所在目录的父目录。

1. 创建路径

文件路径可以直接通过定义字符串来获取。例如：

```
>>>import os      #导入 os 模块
>>>path1 = "C:\\Windows\\System32"      #定义工作目录
>>>path2 = ".\\demo.txt"      #定义当前所在目录
```

2. 判断路径表示方式

os.path.isabs 用于判断路径是否为绝对路径。如果是一个绝对路径，就返回 True；如果是一个相对路径，就返回 False。例如：

```
>>>os.path.isabs(path1)
True
>>>os.path.isabs(path2)
False
```

3. 创建绝对路径

除了可以使用字符串赋值定义绝对路径与相对路径，还可以通过函数创建绝对路径。

os. path. abspath 函数用于获取指定路径的绝对路径。例如：

```
>>>os. path. abspath(path1)
'C:\\Windows\\System32'
>>>os. path. abspath(path2)
'D:\\Python\\Python310\\demo. txt'
>>>os. path. isabs(os. path. abspath(path1))
True
>>>os. path. isabs(os. path. abspath(path2))
True
```

通过上面的程序可以得知，os. path. abspath 函数可以将相对路径转换为绝对路径。

实例 显示 Python 下的路径

PyCharm 程序如下。

扫码看视频

```
#! /usr/bin/env python3
# -*- coding: UTF-8 -*-
import os      #导入 os 模块
path1 = os. getcwd()      #获取当前工作目录
path2 =os. path. abspath('. \\Python')      # 创建绝对路径
print(os. path. isabs('. \\Python'),'. \\Python')      # 输出相对路径
#输出绝对路径
print(os. path. isabs(path1),path1)
print(os. path. isabs(path2),path2)
```

运行结果如下。

```
False . \Python
True D:\pythonProject
True D:\pythonProject\Python
```

9. 1. 3 文件路径与文件夹路径

路径表示终点是目标文件，目录表示终点是文件夹。目录是无法直接找到目标文件的，目录下可能有多个文件或文件夹。

图 9-1 中，D：\ Users \ yan \ anaconda3 \ _conda. exe 是路径，可以直接找到目标文件_conda. exe；D：\ Users \ yan \ anaconda3 是目录，终点 anaconda3 是文件夹，目录下可以是文件也可以是文件夹，即 D：\ Users \ yan \ anaconda3 可以是_conda. exe 文件的目录，也可以是 sip 文件夹的目录。由此可见，路径是目录与终点(文件或文件夹)的结合。

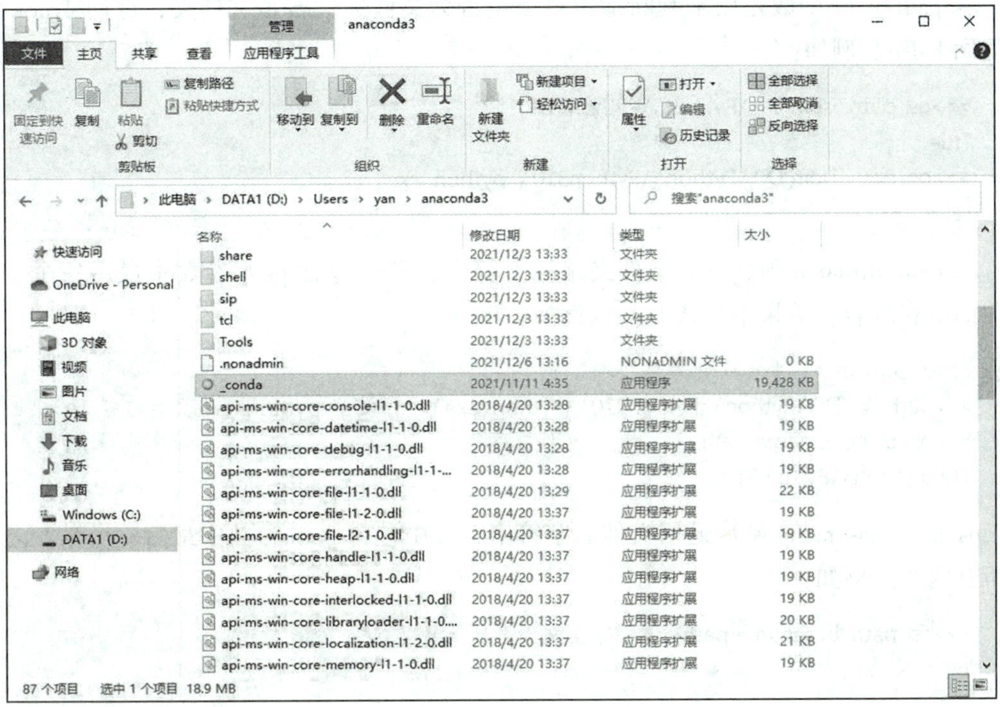

图 9-1　路径与目录

路径下的实际目录取决于文件的格式。在 Windows 操作系统下，一个有效的路径格式如下。

```
drive:\\<dir. . . >\\<file or dir>
```

drive：\ \ <dir. . . >是目录，也是文件夹，该文件夹又称当前工作目录、当前工作文件夹或现有工作目录。其中，drive：是文件所在的逻辑驱动器盘符，<dir. . . >是文件或目录所在的各级子目录，<file or dir>是所要操作的文件或目录名。Python 的路径必须满足这种格式要求。

<file or dir>可以是文件或文件夹。为方便划分，根据路径最后的指向对象，将路径划分为文件路径和文件夹路径。

os. path. isfile 函数用来判断指定对象是否为文件。若是，返回 True；否则返回 False。例如：

```
>>>os. path. isfile('D:\\Python\\Python310')
False
>>>os. path. istile('D:\\Python\\Python310\\python. exe')
True
```

通过上面的程序，可以得出结论，D：\ \ Python \ \ Python310 不是文件，D：\ \ Python \ \ Python310 \ \ python. exe 是文件。

os. path. isdir 函数是用来判断指定对象是否为文件夹。若是文件夹，返回 True；否则返回 False。例如：

```
>>>os. path. isdir('D:\\Python\\Python310')
True
>>>os. path. isdir('D:\\Python\\Python310\\python. exe')
False
```

os. path. dirname 函数返回文件夹路径字符串，其中包含 path 参数中最后一个\ \之前的所有内容，结果不包含\ \ 。例如：

```
>>>import os      #导入 os 模块
>>>path = "D:\\Python\\Python310\\python. exe"      #定义 python. exe 文件路径
>>>os. path. dirname(path)      #输出文件夹路径
'D:\\Python\\Python310'
```

os. path. basename 函数返回文件名字符串，其中包含 path 参数中最后一个\ \之后的所有内容。例如：

```
>>>os. path. basename(path)      #输出文件名
'python. exe'
```

os. path. join 函数用于连接文件夹路径和文件名。例如，根据上面的程序，合并文件夹与文件，重新得到文件的路径。

```
>>>os. path. join(os. path. dirname(path), os. path. basename(path))
'D:\\Python\\Python310\\python. exe'
```

当把两个路径拼接为一个路径时，不要使用字符串直接连接，建议使用 os. path. join 函数，防止连接的路径出错。例如：

```
>>>import os      #导入 os 模块
>>>path1 = "D:\\Python\\Python310"      #定义路径 1
>>>path2 = "D:\\Python\\Python310\\DLLs"      #定义路径 2
>>>path1 + path2
'D:\\Python\\Python310D:\\Python\\Python310\\DLLs'
>>>os. path. join(path1, path2)
'D:\\Python\\Python310\\DLLs'
```

根据上面的程序可知，直接连接得到的是错误的路径。

os. path. split 函数用于分割文件夹路径和文件名。例如：

```
>>>os. path. join(path1, path2)
'C:\\Windows\\System32\\. \\demo. txt'
>>>os. path. split(path1)
('C:\\Windows', 'System32')
```

任务评价

评价内容	评价标准	分值	自评	师评
文件路径模块	掌握路径模块的用途	20		
绝对路径与相对路径	掌握绝对路径与相对路径的定义	40		
文件路径与文件夹路径	掌握文件路径与文件夹路径的区别	40		
总分		100		

任务2 文件的管理

任务描述

老师给的实验数据文件太多，小白打算先整理文件，然后将文件分类放到不同的文件夹中。那么，Python 如何分类文件？文件的基本操作有哪些？

任务分析

Python 中文件的管理，包含管理文件夹、创建文件夹、删除文件夹、删除文件、打开文件、关闭文件和文件属性。学习文件管理对于提升读者的 Python 文件管理技能、增强文件处理能力、培养编程思维和解决问题的能力等方面具有重要意义。

任务重点与实施

在 Python 中可以构造并传递完整路径、将当前文件夹更改至正确的文件夹，或将所需文件夹添加到路径。

9.2.1 管理文件夹

1. 更改路径

在 Python 中，os. chdir 函数用于更改当前文件夹，修改文件路径。其调用格式如下。

```
os. chdir(path)
```

实例 修改当前路径

PyCharm 程序如下。

```
#! /usr/bin/env python3
# -*- coding: UTF-8 -*-
import os      #导入 os 模块
path = "D:\python"      #定义新路径
#查看当前工作目录
retval = os. getcwd()
print("当前工作目录为",retval)
#修改当前工作目录
os. chdir(path)
#查看修改后的工作目录
retval = os. getcwd()
print("目录修改成功",retval)
path1 = "D:\python\Python310"      #定义新路径
#修改当前工作目录
os. chdir(path1)
#查看修改后的工作目录
retval = os. getcwd()
print("目录修改成功",retval)
```

扫码看视频

运行结果如下。

```
当前工作目录为 D:\pythonProject
目录修改成功 D:\python
目录修改成功 D:\python\Python310
```

2. 显示当前路径下的内容

在 Python 中，os. listdir 函数用于列举目录下的所有文件，返回的是列表类型。例如：

```
>>> import os
>>>os. getcwd()
'D:\\Python\\Python310'
>>>os. listdir(os. getcwd())
['data_1001. py', 'DLLs', 'Doc', 'include', 'Lib', 'libs', 'LICENSE. txt', 'name01. py', 'name02. py', 'NEWS. txt', 'Python file 01. py', 'python. exe', 'python3. dll', 'python310. dll', 'pythonw. exe', 'Scripts', 'sumd. py', 'tcl', 'test. py', 'Tools', 'vcruntime140. dll', 'vcruntime140_1. dll']
```

实例 列出指定目录下的文件

PyCharm 程序如下。

```
#! /usr/bin/env python3
# -* - coding: UTF-8 -* -
import os     #导入 os 模块
path = "D:\Python\Python310\Tools"     #定义路径
file = os. listdir(path)     #列出当前目录下的文件
print("指定目录下的文件",file)
```

扫码看视频

运行结果如下。

```
指定目录下的文件[ 'demo', 'i18n', 'pynche', 'scripts']
```

指定目录下的文件如图 9-2 所示。

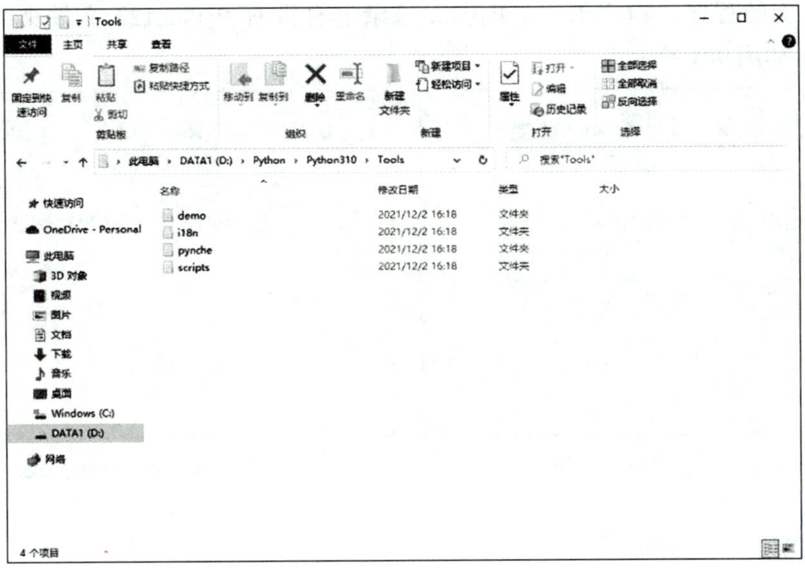

图 9-2　指定目录下的文件

9.2.2　创建文件夹

在 Python 中，os. mkdir 函数用于创建文件夹。若要创建的文件夹已经存在，则 Python 发出警告，操作失败。其调用格式如下。

```
os. mkdir(path)
```

例如：

```
>>>import os     #导入 os 模块
>>>os. mkdir("D:\\NewPython")
```

运行上面的程序，在 D：目录下创建 NewPython 文件夹，如图 9-3 所示。

os. mkdir 函数只能创建一级目录，要想创建多级目录，可利用 os. makedirs 函数。例如：

```
>>>import os      #导入 os 模块
>>>os. makedirs("D:\\NewPython\\Python123")
```

运行上面的程序，在 D：目录下创建 NewPython \ Python123 文件夹。新建文件夹后，os. path. exists 函数用于检查位于指定路径或当前文件夹中的文件夹或文件是否存在，该命令的运行结果为逻辑值。如果存在，返回 True；否则返回 False。例如：

```
>>>import os      #导入 os 模块
>>>path = "D:\\Python\\Python310 "      #定义文件夹路径
>>>os. path. exists(path)
True
```

运行上面的程序，检查 D：\ Python 目录下有没有 Python123 文件夹，即子目录 Python123，如图 9-4 所示。

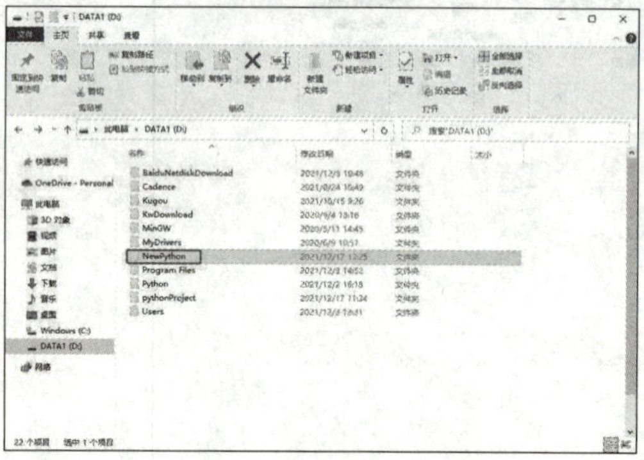

图 9-3　创建一级目录

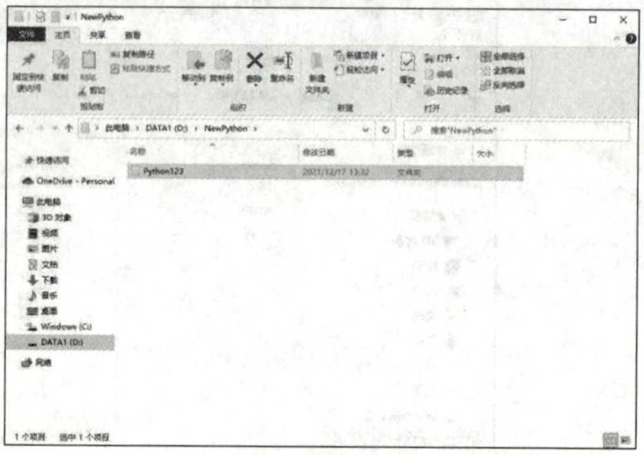

图 9-4　创建多级目录

9. 2. 3　删除文件夹

在 Python 中，os. rmdir 函数用来删除指定的路径。其调用格式如下。

```
os. rmdir(path)
```

path 参数不能省略。例如：

```
>>>import os      #导入 os 模块
>>>os. rmdir("D:\\NewPython\\Python123")      #删除指定的路径
```

运行上面的程序，在 D：\ NewPython 目录下删除 Python123 文件夹，如图 9-5 所示。

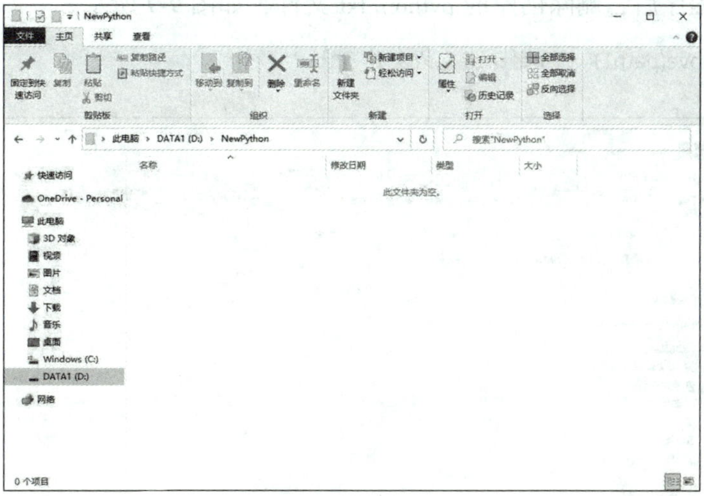

图 9-5　删除文件夹

9.2.4　删除文件

路径是文件系统中所有文件夹的子集，Python 使用路径可以高效地定位文件。无论是路径设置还是文件夹设置，目的都是进行文件操作。

在 Python 中，os. remove 函数用来删除指定的文件。其调用格式如下。

```
os. remove(path)
```

例如，首先在 D：\ NewPython 目录下创建 python. txt 文件。

```
>>>import os        #导入 os 模块
>>>path1 = 'D:\\NewPython\\python. txt'     #定义文件路径
```

运行结果如图 9-6 所示。

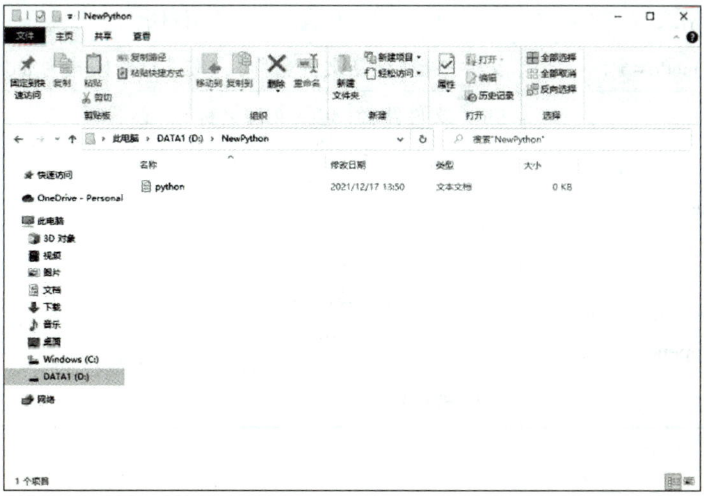

图 9-6　创建文件

运行上述程序后，删除创建的 python. txt 文件，如图 9-7 所示。

```
>>>os. remove(path1)     #删除指定的文件
```

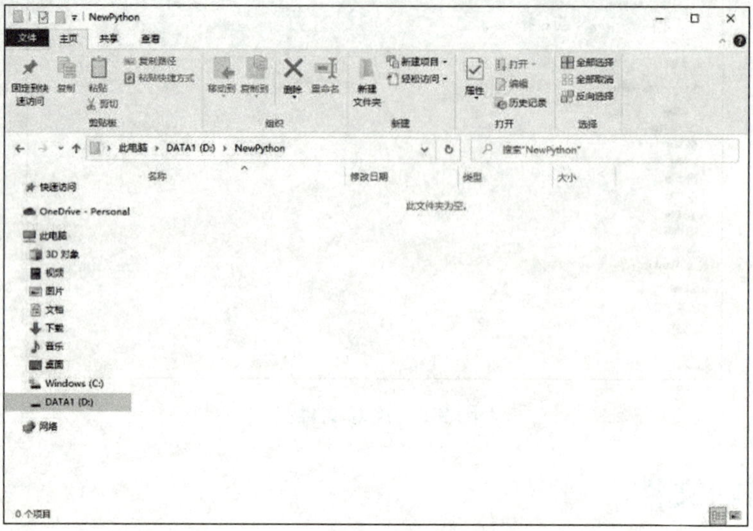

图 9-7 删除文件

9. 2. 5 打开文件

无论要读/写的是 ASCII 文件还是二进制文件，都必须先用 open 函数将其打开。在 Python 中，默认情况下，open 函数用于以文本格式打开文件。如果文件不存在，会自动创建一个空白的文本文件。如果无法打开文件，则显示 OSError。其调用格式如表 9-1 所示。

表 9-1 open 函数的调用格式

调用格式	说明
open(file, mode='r')	文件路径(包括文件名称)，文件打开模式为 mode
open(file, mode='r', buffering=-1, F encoding=None, errors=None, newline=None, closefd=True, opener=None)	file：文件路径(包括文件名称)，必需项。 mode：文件打开模式，可选项，参数如表 9-2 所示。 buffering：设置缓冲。 encoding：一般使用 UTF-8。 errors：报错级别。 newline：区分换行符。 closefd：传入的 file 参数类型。 opener：设置自定义开启器，开启器的返回值必须是一个打开的文件描述符

文件打开模式类型如表 9-2 所示。

表 9-2　文件打开模式类型

模式变量	说明
t	文本模式(默认)
x	写入模式，新建一个文件，如果该文件已存在则会报错
b	二进制模式
+	打开一个文件用于读/写(更新)
U	通用换行模式(不推荐)
r	以只读模式打开文件。文件指针在文件的开头(默认)
rb	以二进制模式打开一个文件用于只读。文件指针将被放在文件的开头(默认模式)。一般用于非文本文件，如图片等
r+	打开一个文件用于读/写。文件指针将被放在文件的开头
rb+	以二进制模式打开一个文件用于读/写。文件指针将被放在文件的开头。一般用于非文本文件，如图片等
w	打开一个文件用于写入。如果该文件已存在则打开文件，并从开头开始编辑，即原有内容会被删除；如果该文件不存在，创建新文件
wb	以二进制模式打开一个文件用于写入。如果该文件已存在则打开文件，并从开头开始编辑，即原有内容会被删除；如果该文件不存在，创建新文件。一般用于非文本文件，如图片等
w+	打开一个文件用于读/写。如果该文件已存在则打开文件，并从开头开始编辑，即原有内容会被删除；如果该文件不存在，创建新文件
wb+	以二进制模式打开一个文件用于读/写。如果该文件已存在则打开文件，并从开头开始编辑，即原有内容会被删除；如果该文件不存在，创建新文件。一般用于非文本文件，如图片等
a	打开一个文件用于写入(追加)。如果该文件已存在，文件指针将被放在文件的结尾。也就是，新的内容将被写入已有内容之后；如果该文件不存在，创建新文件进行写入
ab	以二进制模式打开一个文件用于写入(追加)。如果该文件已存在，文件指针将被放在文件的结尾。也就是说，新的内容将被写入已有内容之后；如果该文件不存在，创建新文件进行写入
a+	打开一个文件用于读/写(追加)。如果该文件已存在，文件指针将被放在文件的结尾。如果该文件不存在，创建新文件用于读/写
ab+	以二进制模式打开一个文件用于读/写(追加)。如果该文件已存在，文件指针将被放在文件的结尾。如果该文件不存在，创建新文件用于读/写

实例 创建文件

PyCharm 程序如下。

扫码看视频

```
#! /usr/bin/env python3
# -* - coding: UTF-8 -* -
import os      #导入 os 模块
#打开不存在的文件,创建新文件
fo = open("D:\\NewPython\\python01. txt", "tw")      #以文本模式打开
一个文件用于写入
fo1 = open("D:\\NewPython\\python02. txt", "wb")      #以二进制模式
打开一个文件用于写入
```

运行后，自动在指定路径下创建 python01. txt 和 python02. txt 两个文件，如图 9-8 所示。

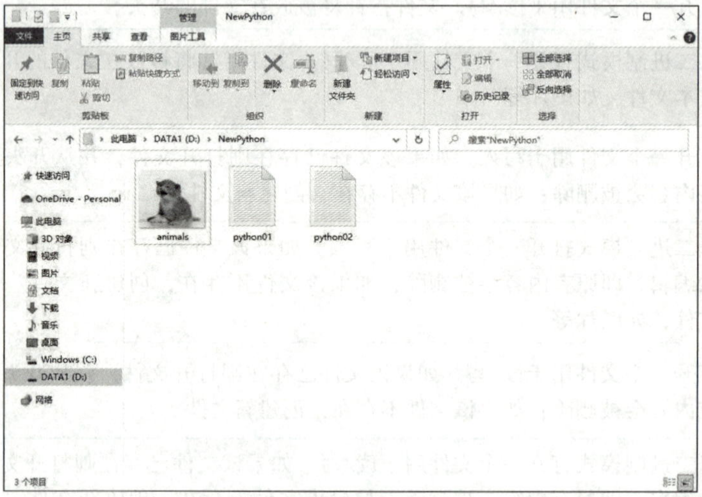

图 9-8 创建文件

实例 打开文件

PyCharm 程序如下。

扫码看视频

```
#! /usr/bin/env python3
# -* - coding: UTF-8 -* -
import os      #导入 os 模块
#查看当前路径下的文件
fo = open("D:\\NewPython\\python01. txt", "tw")      #以文本模式打开
一个文件用于写入
fo1 = open("D:\\NewPython\\python02. txt", "wb")      #以二进制模式
打开一个文件用于写入
print('以文本模式打开文件:','\n',fo)
print('以二进制模式打开文件:','\n',fo1)
```

运行结果如下。

```
以文本模式打开文件:
<_io. TextIOWrapper name='D:\\NewPython\\python01. txt' mode='tw' encoding='cp936'>
以二进制模式打开文件:
<_io. BufferedWriter name='D:\\NewPython\\python02. txt'>
```

9.2.6　关闭文件

在 Python 中，close 函数用于关闭一个或所有打开的文件。其调用格式如下。

```
fileObject. close()
```

实例　关闭文件

PyCharm 程序如下。

扫码看视频

```
#! /usr/bin/env python3
# -* - coding: UTF-8 -* -
import os     #导入 os 模块
#查看当前路径下的文件
fo = open("D:\\NewPython\\python01. txt","tw")     #以文本模式打开一个文件用于写入
print('打开文件为','\n',fo. name)     # 显示文件名
#关闭文件
fo. close()
```

运行结果如下。

```
打开文件为 D:\NewPython\python01. txt
```

打开文件后，需要及时关闭文件，否则可能引起不必要的麻烦。如果打开的文件显示异常，那么将不能正常关闭。为了避免此问题，可以使用 Python 提供的 with 语句。实现进行文件处理时，无论是否显示异常，都能保证运行完毕后，关闭已经打开的文件。其调用格式如下。

```
with expressin as target:
with- body
```

其中，expressin 用于指定表达式；target 用于指定一个变量，将 expressin 中的值保存到变量中；with-body 为要执行的相关操作，可以直接使用 pass 语句代替。例如：

```
with open("D:\\NewPython\\python01. txt","w") as file
    pass
```

运行上面的程序，同样可以打开或创建 python01. txt 文件。

9.2.7 文件属性

文件的属性有很多种，下面介绍文件的属性查询函数。

1. 查看文件大小

在 Python 中，os. path. getsize 函数用来获取文件大小(以字节为单位)，如果输入值为文件夹路径，则返回为 0。例如：

```
>>>import os      #导入 os 模块
>>>path1 ='D:\\Python\\Python310\\python. exe'     #定义文件路径
>>>dir1 = 'D:\\NewPython'      #定义文件目录
>>> os. path. getsize(path1)      #计算文件大小
98536
>>>os. path. getsize(dir1)      #计算文件夹大小
0
```

2. 查看文件的时间属性

关于文件的时间属性，包括文件的创建时间、最后修改时间和最后访问时间。相关函数的调用格式如表 9-3 所示。

表 9-3 查看文件的时间属性相关函数的调用格式

调用格式	说明
os. path. getmtime(path)	文件(或文件夹)的最后修改时间，从新纪元(此处的新纪元表示时间的开始，取决于平台。例如，对于 UNIX 平台，新纪元是世界协调时间 1970 年 1 月 1 日 00：00：00)到访问时的秒数
os. path. getatime(path)	文件(或文件夹)的最后访问时间，从新纪元到访问时的秒数
os. path. getctime(path)	文件(或文件夹)的创建时间，从新纪元到访问时的秒数

实例 显示如图 9-9 所示文件的信息

显示如图 9-9 所示的图像文件信息。

扫码看视频

图 9-9 图像文件

PyCharm 程序如下。

```
#! /usr/bin/env python3
# -*- coding: UTF-8 -*-
import os       #导入 os 模块
#查看当前路径下的文件
file = 'D:\\NewPython\\animals. gif'      #指定 animals. gif 文件路径
#文件的时间属性函数
time1 =os. path. getmtime(file)
time2 =os. path. getatime(file)
time3 =os. path. getctime(file)
filesize = os. path. getsize(file)     #计算文件大小
print("文件的创建时间:",time1)
print("文件的最后修改时间:",time2)
print("文件的最后访问时间:",time3)
print("文件大小:",filesize)
```

运行结果如下。

```
文件的创建时间:1639725797. 6100457
文件的最后修改时间:1596592352. 0
文件的最后访问时间:1639725784. 332019
文件大小:430213
```

表 9-4 中的构建完整文件函数，可用来对比不同文件。

表 9-4　构建完整文件函数

函数	说明
os. path. normpath(path)	规范 path 的字符串形式
os. path. realpath(path)	返回 path 的真实路径
os. path. relpath(path[, start])	从 start 开始计算相对路径
os. path. samefile(path1, path2)	判断 path1 和 path2 是否相同
os. path. sameopenfile(fp1, fp2)	判断 fp1 和 fp2 是否指向同一个文件
os. path. samestat(stat1, stat2)	判断 stat1 和 stat2 是否指向同一个文件
os. path. walk(path, visit, arg)	遍历 path，进入每个目录都调用 visit 函数，visit 函数必须有 3 个参数(arg、dirname、names)，arg 为 walk 的第 3 个参数，dirname 代表当前目录的目录名，names 代表当前目录下的所有文件名

实例　输出文件的相关信息

PyCharm 程序如下。

扫码看视频

```
#! /usr/bin/env python3
# -* - coding: UTF-8 -* -
import os      #导入 os 模块
#创建文件夹路径
path1 = "D:\\NewPython\\Python123\\example\\01"
path2 = "D:\\NewPython\\Python123\\example\\02"
os. makedirs(path1)
os. makedirs(path2)
path3 = "D:\\NewPython\\python01. txt"      #定义文件路径
p1 = os. path. normpath(path3)      #规范 path 的字符串形式
p2 = os. path. realpath(path3)      #返回 path 的真实路径
print("路径 1:",path1,'\n',p1,'\n',p2)      # 输出路径的不同格式
result = os. path. samefile(p1, p2)      #判断文件是否相同
print("文件是否相同:",result)
#删除指定的文件夹
os. rmdir(path1)
os. rmdir(path2)
os. rmdir(os. path. dirname(path1))
os. rmdir(os. path. dirname(os. path. dirname(path1)))
```

运行结果如下。

```
路径 1:D:\NewPython\Python123\example\01
 D:\NewPython\python01. txt
 D:\NewPython\python01. txt
文件是否相同:True
```

运行程序后，先创建 Python123 文件夹路径，如图 9-10 所示。为方便下次运行程序时不报错，最后删除该文件夹路径。

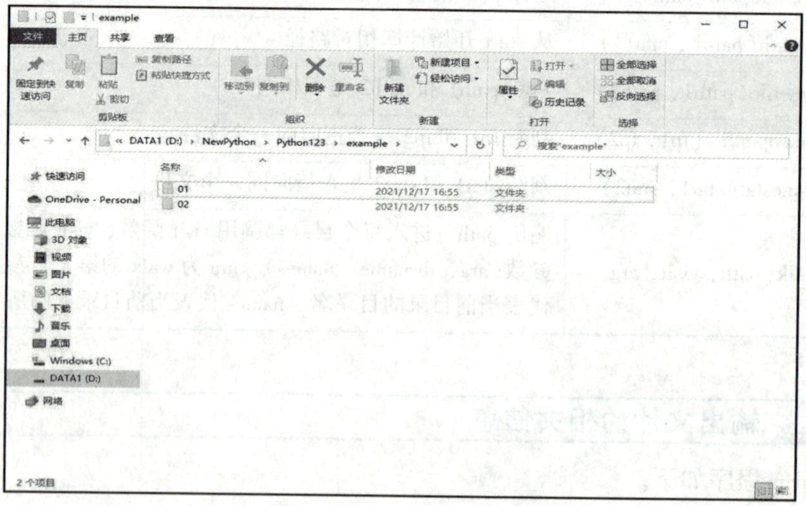

图 9-10　创建文件夹路径

任务评价

评价内容	评价标准	分值	自评	师评
管理文件夹	掌握管理文件夹的函数	15		
创建文件夹	掌握创建文件夹的函数	15		
删除文件夹	掌握删除文件夹的函数	15		
删除文件	掌握删除文件的函数	15		
打开文件	掌握打开文件的函数	15		
关闭文件	掌握关闭文件的函数	15		
文件属性	掌握文件属性查询的函数	10		
总分		100		

任务3　读/写文本文件

任务描述

小白发现在Python中可以直接读取文本文件，也可以对文本文件进行修改，于是决定收集文档中出现次数多的问题。那么，Python如何打开文件？如何将问题写入文档？

任务分析

掌握Python中写文本文件的方法是数据持久化存储的基础。学会读文本文件是数据处理和分析的前提。

任务重点与实施

文本文件是一种非常便于使用和共享的文件格式，几乎适用于任何计算机。许多基于文本的程序可读取基于文本的文件。

如需通过其他应用程序访问数据，如文字处理或电子表格应用程序，可将数据存储在文本文件中。需要时，可使用字符串函数将所有的数据转换为文本字符串。文本文件可包含不同数据类型的信息。

如果数据本身不是文本格式(如图形或图表数据)，由于数据以ASCII码表示时通常比数据本身大，因此文本文件比二进制文件和数据记录文件占用的内存更多。例如，将-123.4567 作为单精度浮点数保存时只需 4 字节，如使用 ASCII 码表示，需要 9 字节，每个字符占用 1 字节。

9.3.1 写文本文件

在 Python 中，使用 write 函数将数据写入文本文件。其调用格式如下。

```
fileObject.write([ str ])
```

fileObject 为要打开的文件对象；str 为要写入文件的字符串。

实例 将字符串写入文本文件

PyCharm 程序如下。

扫码看视频

```
#! /usr/bin/env python3
# -*- coding: UTF-8 -*-
import os      #导入 os 模块
path1 = "D:\\NewPython"      #定义文件路径
os.chdir(path1)      #更改当前路径
files = os.listdir(os.getcwd())      #列出当前路径下的文件
print("当前路径下的文件：", files)
fo = open("python01.txt", "w")      #以写入模式打开文件
print("打开文件的文件名为", fo.name)
str = 'X is %4.2f meters or %8.3f mm\n'      #定义要写入的字符串
fo.write(str)      #将字符串写入文件
#关闭文件
fo.close()
```

运行结果如下。

```
当前路径下的文件：['animals.gif', 'python01.txt', 'python02.txt']
打开文件的文件名为 python01.txt
```

打开 python01.txt 文件，显示写入的字符串，如图 9-11 所示。

如果文件打开模式带 b，那么写入数据时，要用 encode 方法将 str（参数）转换为 bytes 形式，否则报 TypeError：a bytes-like object is required，not 'str'。

实例 将字符串以二进制模式写入文本文件

PyCharm 程序如下。

扫码看视频

```
#! /usr/bin/env python3
# -*- coding: UTF-8 -*-
import os      #导入 os 模块
path1 = "D:\\NewPython"      #定义文件路径
```

```
os. chdir(path1)      #更改当前路径
fo = open("python02. txt", "wb")      #以写入模式打开文件
print("打开文件的文件名为", fo. name)
str = 'sin(x) \n cos(x)'      #定义要写入的字符串
#对字符串进行编码
str1 =str. encode('utf-8')
fo. write(str1)      #将字符串写入文件
#关闭文件
fo. close()
```

运行结果如下。

```
打开文件的文件名为 python02. txt
```

打开 Python02. txt 文件，显示写入的字符串，如图 9-12 所示。

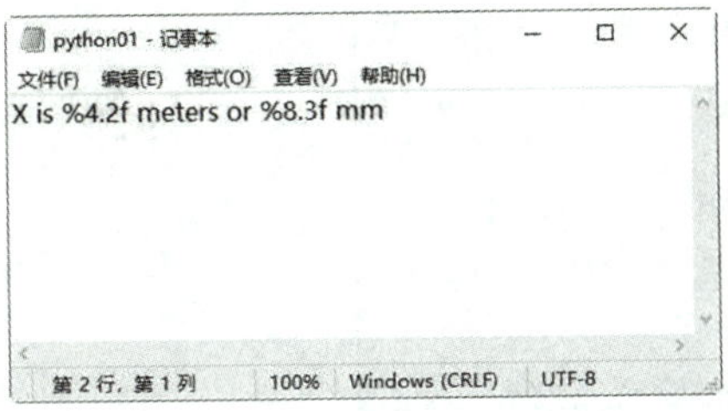

图 9-11　将字符串写入文本文件

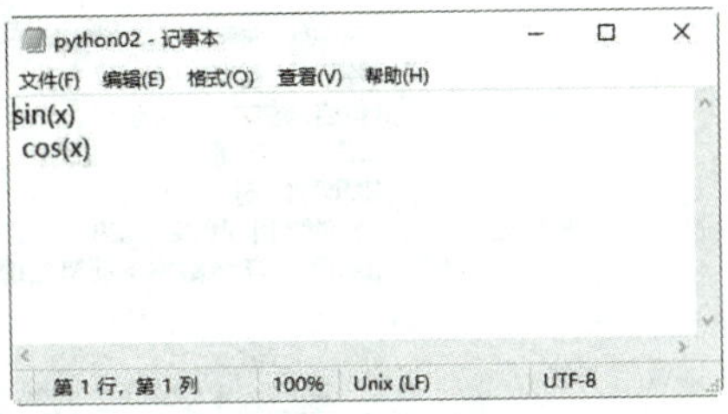

图 9-12　将字符串以二进制模式写入文件

在 Python 中，使用 writelines 函数将字符序列写入文本文件。其调用格式如下。

```
fileObject. writelines([ str ])
```

fileObject 为要打开的文件对象；str 为要写入文件的字符序列。如要换行需要输入换行符 \ n。

实例　将列表数据写入文本文件

PyCharm 程序如下。

扫码看视频

```
#! /usr/bin/env python3
# -* - coding: UTF-8 -* -
import os      #导入 os 模块
path1 = "D:\\NewPython"      #定义文件路径
os. chdir(path1)      #更改当前路径
#创建文件
fo = open("recording. txt", "w+")
print("创建文件：", fo. name )
#定义要写入的字符串
str1 = '篇一 \n'
str2 = '科目: 数学 \n'
```

```
str3 = '课时: 一节课 \n'
str4 = '授课者: 刘\n'
str5 = '听课时间: 2022_2_28 \n'
str6 = '课题: 二年级数学下册第二单元 \n'
list = [str1,str2,str3,str4,str5,str6]     #创建列表
fo. writelines(list)     #将列表数据写入文件
#关闭文件
fo. close()
```

运行结果如下。

```
创建文件:recording. txt
```

打开 recording. txt 文件，显示写入的列表数据，如图 9-13 所示。

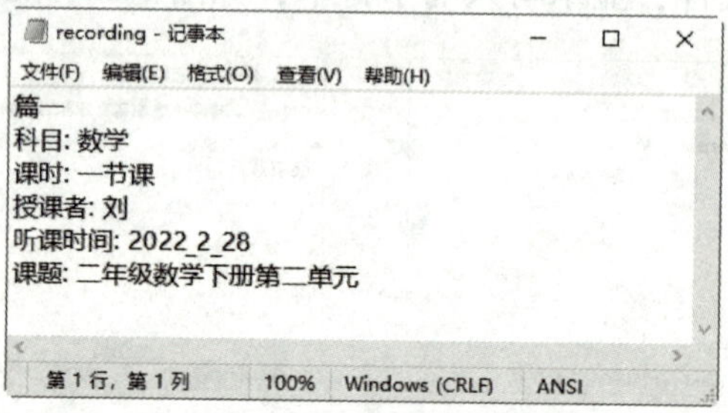

图 9-13　将列表数据写入文本文件

9. 3. 2　读文本文件

在 Python 中，用于读取文本文件中的数据的函数包括 3 种。其调用格式如表 9-5 所示。

表 9-5　读取文本文件函数的调用格式

调用格式	说明
file. read([size])	file 表示已打开的文件对象；size 作为一个可选参数，用于指定一次最多可读取的字符(字节)数，如果省略，则默认一次性读取所有内容
fileObject. readlines( )	读取所有行(直到结束符 EOF)并返回列表
fileObject. readline(size)	从文件读取整行，包括\n 字符。如果指定了一个非负参数，则返回指定大小的字节数，包括\n 字符。size 表示从文件中读取的字节数

实例　一次读取文本文件的指定行

PyCharm 程序如下。

扫码
看视频

```
#! /usr/bin/env python3
# -* - coding: UTF-8 -* -
import os     #导入 os 模块
path1 = "D:\\NewPython"     #定义文件路径
os. chdir(path1)     #更改当前路径
fo = open("python02. txt", "rb +")     #以二进制模式打开文件,可读
可写
print("要读取的文件：", fo. name )
line = fo. read(10)     #指定一次最多可读取的字符
print("读取的字符串：",line)
#关闭文件
fo. close()
```

运行结果如下。

```
要读取的文件:python02. txt
读取的字符串:b"
```

实例　一次读取文本文件的所有行

PyCharm 程序如下。

扫码
看视频

```
#! /usr/bin/env python3
# -* - coding: UTF-8 -* -
import os     #导入 os 模块
path1 = "D:\\NewPython"     #定义文件路径
os. chdir(path1)     #更改当前路径
#创建文件
fo = open("verse. txt", "w+")
print("创建文件:", fo. name )
#定义要写入的字符串
str1 = '寄君一曲,不问曲终人聚散 \n'
str2 = '清风湿润,茶烟轻扬 \n'
str3 = '一朝风雨,满地残红。湿了花香,几许悲凉,奈何世间无常\n'
str = str1 +str2 +str3     #创建字符串
fo. write(str)     #将列表数据写入文件
#关闭文件
fo. close()
#写入文件
fo = open("verse. txt", "r+")
for line in fo. readlines():     #依次读取每行
    line = line. strip()     #去掉每行头尾空白
    print("读取的字符串：",line)
#关闭文件
fo. close()
```

运行结果如下。

```
创建文件:verse. txt
读取的字符串:寄君一曲,不问曲终人聚散
读取的字符串:清风湿润,茶烟轻扬
读取的字符串:一朝风雨,满地残红。湿了花香,几许悲凉,奈何世间无常
```

打开 verse. txt 文件，如图 9-14 所示。

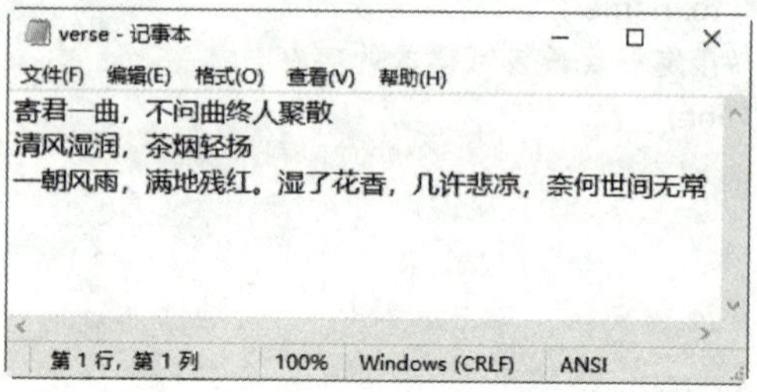

图 9-14 读取文本文件的所有行

实例 逐行读取文本文件

PyCharm 程序如下。

扫码看视频

```
#! /usr/bin/env python3
# -* - coding: UTF-8 -* -
import os      #导入 os 模块
path1 = "D:\\NewPython"      #定义文件路径
os. chdir(path1)      #更改当前路径
file = open("recording. txt", "r")
n = 0
while True:
    n+=1
    line = file. readline()      #读取指定行
    if line ! =":
        print('输出行数',n,line)
#关闭文件
file. close()
```

运行结果如下。

```
输出行数 1 篇一

输出行数 2 科目: 数学

输出行数 3 课时: 一节课

输出行数 4 授课者: 刘
```

```
输出行数 5 听课时间: 2022_2_28

输出行数 6 课题: 二年级数学下册第二单元
```

任务评价

评价内容	评价标准	分值	自评	师评
写文本文件	掌握 Python 写文本文件的方法	50		
读文本文件	掌握 Python 读文本文件的方法	50		
总分		100		

项目小结

本项目主要介绍了如何在 Python 中使用文件 I/O。首先介绍了文件路径模块、绝对路径与相对路径、文件路径和文件夹路径；其次介绍了文件的管理；最后介绍了使用 Python 读写文本文件。通过本项目的学习，读者不仅能够掌握实用的编程技能，还提高问题解决的能力。在实际应用中，这些知识可以用于数据处理、日志记录、配置文件管理等多个领域。同时，读者也能够认识到在文件操作过程中要注意数据的安全性和完整性，避免因不当操作而导致数据丢失或损坏。

项目习题

一、选择题

1. os. name 的作用是什么？(　　)

A. 获取当前操作系统名

B. 获取文件名和后缀之间的分隔符

C. 获取路径分隔符

D. 获取换行符

2. 绝对路径从什么开始？(　　)

A. 当前工作目录　　B. 任意文件夹

C. 根文件夹　　D. 没有特定起点

3. 路径表示的终点是什么？(　　)

A. 文件夹　　B. 目录

C. 目标文件　　D. 不确定

4. os. chdir 函数的作用是？(　　)

A. 创建文件夹　　B. 删除文件夹

C. 更改当前文件夹　　D. 列出文件夹内容

5. os. mkdir 函数只能创建什么？(　　)

A. 多级目录　　B. 任意目录结构

C. 一级目录　　D. 不存在的目录

6. os. rmdir 函数的作用是？(　　)

A. 创建文件夹　　B. 删除文件

C. 删除指定路径(文件夹)　　D. 重命名文件夹

7. os. remove 函数的主要作用是什么？(　　)

A. 重命名文件　　B. 创建文件

C. 删除指定的文件　　D. 复制文件

8. 默认情况下，open 函数以什么格式打开文件？(　　)

A. 二进制格式　　B. 文本格式

C. 随机格式　　D. 取决于文件类型

9. 在 Python 中，为了确保文件在处理完毕后能够及时关闭，避免由于文件异常显示而导致无法正常关闭的问题，推荐使用哪种结构？(　　)

A. 使用 try... finally 语句

B. 使用 with 语句

C. 手动调用 file. close()方法

D. 依赖垃圾回收机制自动关闭文件

10. 如果将文件夹路径作为参数传入 os. path. getsize 函数，会返回什么？(　　)

A. 文件夹中的文件总数　　B. 文件夹的大小

C. 0　　D. 错误信息

11. 以下哪个函数用于将字符序列写入文本文件？(　　)

A. write 函数　　B. writelines 函数

C. readlines 函数　　D. append 函数

12. fileObject. readlines()返回的是什么类型的数据？(　　)

A. 字符串　　B. 列表

C. 元组　　D. 字典

二、上机操作题

1. 输出电影海报设计步骤。

电影海报是电影的宣传手段之一，电影海报设计的优劣对电影市场有重要影响。现要为一部名为 Huge RISK 的电影设计海报，如图 9-15 所示。这部电影讲的是 James Crystal(虚构)饰演的 David 在敌军当卧底，随时都可能丧命。鉴于战争的冷酷，选择黑白两色作为海报的主色调；由于男主角身份的两重性，将其头像置于黑白交界处，并一分为二；在头像额头制作一个靶心，代表其所处的危险境地，增加悬念；再配合文字的特殊效果。这就是这张海报的整体构思。

这张海报的制作综合运用了图层、滤镜、路径等工具，借助网格和参考线对部分内容进行准确处理，也涉及选区的一些特殊操作，涵盖的知识面较广。

请利用 Python 将这张电影海报的具体制作过程保存到文件中。

图 9-15　电影海报

(1)利用 os. chdir 函数定义文件路径。
(2)利用 open 函数创建文件。
(3)利用 writelines 函数写入文件数据，如图 9-16 所示。

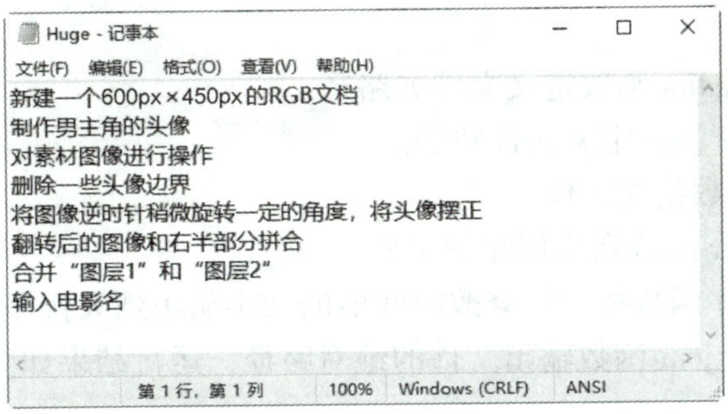

图 9-16　写入文件数据

(4)利用 close 函数关闭文件。
(5)利用 open 函数打开文件。
(6)利用 readliner 函数逐行读取文件，如图 9-17 所示。
(7)利用 close 函数关闭文件。

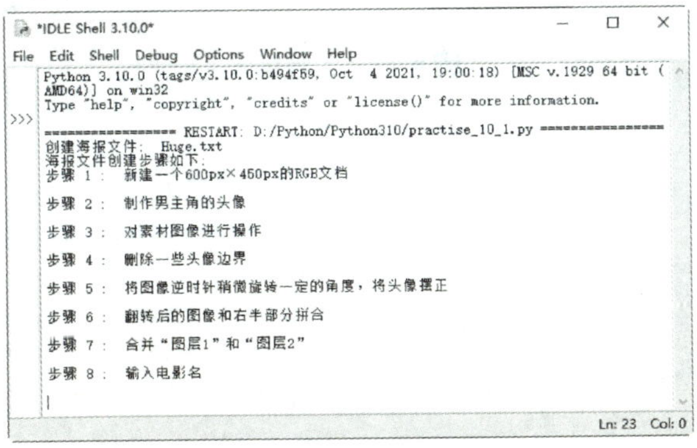

图 9-17　运行结果

2. 创建图像文件路径。

计算机处理的都是数字化的信息，图像必须转化为数字信息后才能被计算机识别并处理。数字图像可分为两大类：矢量图和点阵图，图像文件格式即一幅图像或一个平面设计作品。在计算机上的存储方式，包括 PSD、PDD、GIF、TIF、JPG 格式等。根据上述分类创建图像文件路径，结果如图 9-18 所示。

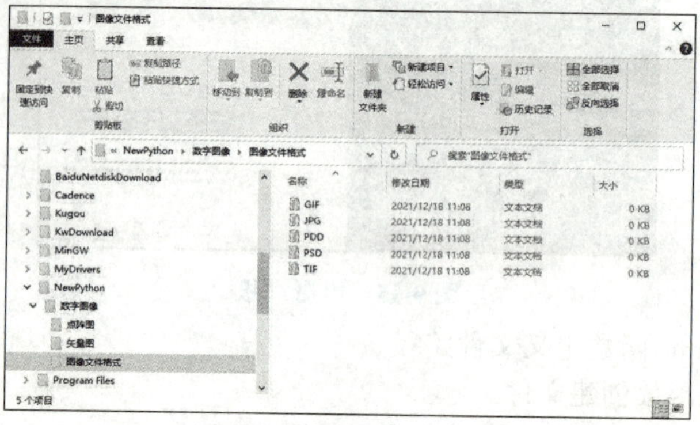

图 9-18　创建图像文件路径

(1)利用 os. makedirs 函数定义文件夹路径。
(2)利用 os. chdir 函数定义文件路径。
(3)利用 open 函数创建文件。
(4)利用 os. listdir 函数列举创建的文件。
(5)利用 lists. sort 函数按文件修改时间值的大小从小到大排序。
(6)利用 os. path. join 函数输出文件的绝对路径，运行结果如图 9-19 所示。

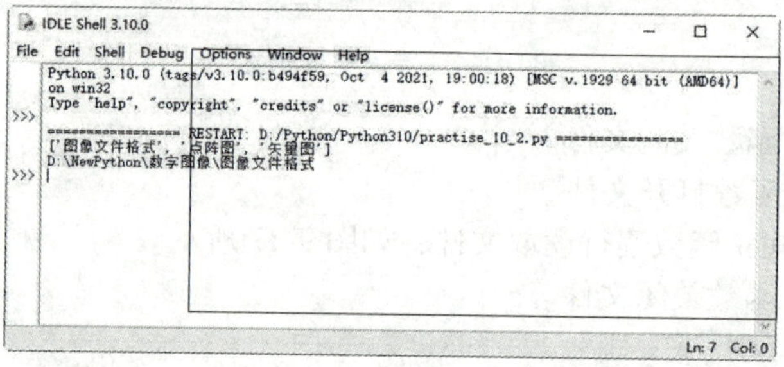

图 9-19　运行结果

参考文献

[1]董付国 . Python 程序设计(微课版)[M]. 4 版 . 北京：清华大学出版社，2024.

[2]宁爱军，何志永 . python 语言程序设计(微课)[M]. 北京：人民邮电出版社，2024.

[3]杨年华 . python 程序设计教程[M]. 3 版 . 北京：清华大学出版社，2023.

[4]徐红云 . Python 程序设计教程 [M]. 北京：清华大学出版社，2023.

[5]高明亮，潘金凤 . Python 编程：从入门到实战[M]. 哈尔滨：黑龙江科学技术出版社，2022.

[6]王博 . Python 编程从入门到精通 [M]. 北京：北京时代华文书局，2021.

[7]洪锦魁 . Python 王者归来(增强版) [M]. 北京：清华大学出版社，2021.